U0188017

"邻居"一动

李维薇 杨春燕 编著

云南出版集团
YNKJ 云南科技出版社
·昆明·

图书在版编目（CIP）数据

“邻居”一动 / 李维薇，杨春燕编著 . -- 昆明：
云南科技出版社，2022.10

ISBN 978-7-5587-4669-7

Ⅰ . ①邻… Ⅱ . ①李… ②杨… Ⅲ . ①动物－普及读
物Ⅳ . ① Q95-49

中国版本图书馆 CIP 数据核字 (2022) 第 179618 号

“邻居”一动

“LINJU” YIDONG

李维薇　杨春燕　编著

出 版 人：温　翔
策　　划：高　亢
责任编辑：王建明　洪丽春　曾　芫　张　朝
助理编辑：龚萌萌
责任校对：张舒园
责任印制：蒋丽芬

书　　号：ISBN 978-7-5587-4669-7
印　　制：云南金伦云印实业股份有限公司
开　　本：787mm × 1092mm　1/16
印　　张：7.75
字　　数：180 千字
版　　次：2022 年 10 月第 1 版
印　　次：2022 年 10 月第 1 次印刷
定　　价：49.80 元

出版发行：云南出版集团　云南科技出版社
地　　址：昆明市环城西路 609 号
电　　话：0871-64114090

编委会

前 言

我们一直在思考人与自然的关系：我们应如何尊重自然、保护自然？我们能否离开自然、离开动植物？我们与动物亲密接触是否会相互传染疾病？我们与动物要如何相处？我们与动物之间的边界在哪儿？……

地球是我们的生存家园，她孕育了各种各样的生命，其中，和人类关系最为密切的群体之一的就是动物。在人类漫漫的历史长河中，动物有着不可或缺的地位。现存的许多动物其实比我们更早出现在地球上，人类也是动物的一种，只不过在漫长的进化过程中，我们拥有了智慧、发明了工具，因此我们得以从动物中脱颖而出。

在人类社会的发展过程中，我们把动物当作生活的伴侣、劳作的伙伴来饲养它们。它们帮我们耕种，驮着我们行走，守卫我们的家园，慰藉我们的心灵，人类与动物密不可分，相互陪伴。随着社会的发展和科技的进步，人类身边的动物慢慢被机器取代。而我们只有在孤独时才会把这些曾经身边的伙伴当宠物饲养，以排解孤独和寂寞，给生活增添几分乐趣。

随着时代的变迁，不少动植物濒临灭绝或已经消失。

动物，是人类的邻居、朋友，人类应与动物和谐而居。我们想通过这本书，让公众了解我们身边的动物邻居，了解如何与它们相处：我们应该不打扰它们，给它们一片自由自在生长、生活和生存的天地。

“万物各得其和以生，各得其养以成。”生物多样性使地球充满生机，是人类生存和发展的基础。地球是人类与各类动植物共同生活和守护的家园，保护动植物、保护生物多样性有助于维护地球家园，促进可持续发展。

人人共同参与，携手保护生物多样性，共同构建地球生命共同体，共同建设美丽和谐的世界！

云南省科学技术馆

廖云龙　田　蕊

目 录
CONTENTS

100~500 米

100m 300m 500m

52

蚂蚁

58
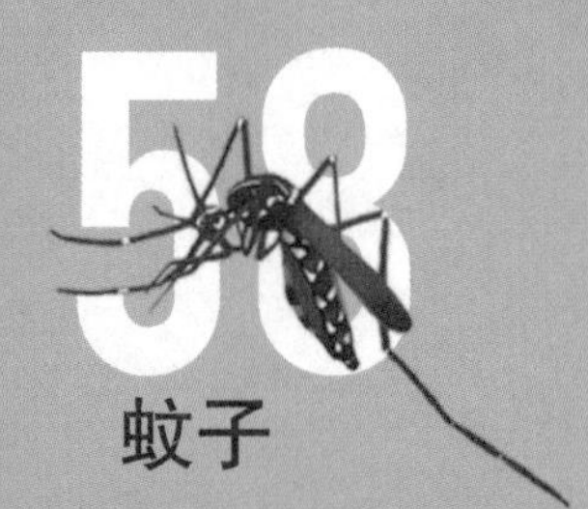
蚊子

64

屎壳郎

70

蜗牛

78

蝴蝶

> 500 米

500m 800m

86

红嘴鸥

94
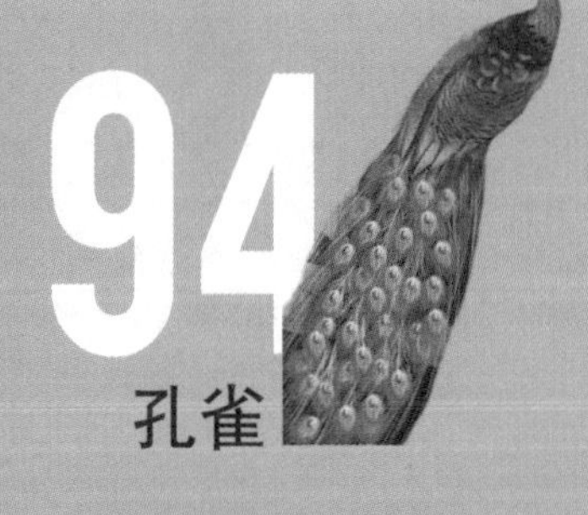
孔雀

100

大象

106

猫头鹰

112

松鼠

阅读说明

本书以动物为主角，彼此保持安全距离，引凤筑巢，轻松实现人与动物比邻而居，共同开启双向奔赴之旅。

动物档案

动物邻居的身份证，每个动物都是自然界的一分子。

我与邻居的安全距离

人类与动物邻居保持安全距离是人与自然和谐共处的不二法则。

0~100 米距离的动物：最亲密的距离。它们让我们感受到被爱并教会我们去信任、去爱。

100~500 米距离的动物：距离产生美。从不放弃，一直寻找一条路线奔向想去的地方，这是它们给人类展现的美妙实用的哲学。

>500 米距离的动物：有距离，更安全。偶尔见面的朋友，如果你我偶遇，别慌张，安静远观，注意安全，保持友好。

亲密度

亲密度★★★★★的动物邻居可以（建议）进行的互动：

看 摸 抱 家养 喂食

追 洗澡 打扮

亲密度★★★★的动物邻居可以进行（建议）的互动：

看 摸 家养 喂食

亲密度★★★的动物邻居可以（建议）进行的互动：

看 摸 喂食

亲密度★★的动物邻居可以（建议）进行的互动：

看 摸

亲密度★的动物邻居可以（建议）进行的互动：

看

神奇的邻居

每个动物邻居都有属于自己的秘密，让我们一起探究，看看我们的动物邻居究竟有什么不同寻常之处吧！

忠诚的邻居

家庭伴侣：家犬区别于其他家养动物最明显的特点——家犬是人类忠诚的朋友，更是家庭伴侣动物。其他家养动物，如猪、牛、羊等是以经济性状为主选育的。随着社会发展，狗已经从传统家畜“特化”成伴侣动物，很多家庭将其视为家庭成员。

缓解压力：行为实验表明狗狗可以减缓人的压力。

0

狗
★★★★★
50m

十大受欢迎宠物犬品种

哈士奇犬（精力旺盛　独立固执）

拉布拉多犬（忠诚温和　活泼聪明）

金毛寻回犬（憨厚爱撒娇　友善亲厚）

秋田犬（忠诚友善　笑容迷人）

萨摩耶犬（聪明文雅　亲切活跃）

柴犬（独立傲娇　勇敢机敏）

柯基犬（狗界“萌神”　敦实机敏）

边境牧羊犬（服从忠诚　活力旺盛）

博美犬（轻盈欢快　聪明伶俐）

贵宾犬（灵气十足　活泼好动）

12种撸狗手法

前肢打圈式

点按式

摸狗小贴士

●注意，狗狗在这些时候不喜欢被打扰！

狗狗在吃饭和专心玩耍时。

坐立不安，尾巴来回抽动，耳朵压着头部，发出咆哮或嘶吼声时。

●注意，不要随便摸陌生狗狗！

宠物狗虽然定期打疫苗和洗澡，但是未经主人允许不要随便靠近，可能会被抓伤和咬伤。（流浪狗身上携带很多细菌和寄生虫，部分疾病是人畜共患的，人不小心也会被传染。）

●注意，切忌因无聊或恶作剧弄醒熟睡中的狗狗！

狗熟睡时不易被熟人和主人所惊醒，但对陌生的声音很敏感。熟睡的狗一旦被惊醒，心情会很坏，对惊醒它的人非常不满。

刚被惊醒的狗睡眼蒙眬，有时连主人也认不出来，会发出不满的吠叫以发泄不满。

狗狗喜爱程度

禁忌饮食

葡萄和葡萄干

坚果

牛油果

狗

★★★★★

葱姜蒜

生鸡蛋

盐

甜的东西

肉豆蔻

过量的脂肪

巧克力

含咖啡因的饮料

牛奶（乳糖不耐受的狗）

猪肉

会碎裂的骨头

苹果、樱桃、梨或类似水果的籽和果核

你的狗狗是独一无二的

狗狗的鼻纹相当于人类的指纹，具有唯一性，不会有两只鼻纹一模一样的狗，狗狗在成长的过程中鼻纹不会发生变化，所以，鼻纹就成了犬类辨别中最重要的特征。

随着AI（人工智能）技术日益成熟，通过模式识别、图像处理等对犬的鼻纹特征进行描述、匹配和分类，实现了犬个体的自动化认证。

狗狗的鼻子特别灵

如果你能在一个小房间里闻到一抹香水的味道，那么狗狗就能在一个封闭的体育馆闻到这股香水味，秘密在于狗狗的鼻腔不是平整的，有褶皱凸起结构，这种结构增加了鼻腔的表面积且狗狗有大约3亿个嗅觉细胞，是人类的60倍。因此，狗狗能辨识出浓度比人类低1亿倍的气味，而且能够记住相当多的特殊气味。

不仅如此，狗狗口腔顶壁上方有一个名为“犁鼻器”的构造，能够探测出所有动物（包括人类）散发出的荷尔蒙。因此，它们能轻而易举地识别潜在伴侣，分辨敌友。当然，人类的情绪也无处隐藏，它们甚至还能闻出你是否怀孕或生病了。

狗的听觉也很敏锐

狗狗听力是人的 4~16 倍。无论是 2000 赫兹以上的高音，还是 20 赫兹以下的低音，狗狗都能听到。

人在 6 米远处听不到的声音，狗在 24 米远处仍然能够听到，且有很多狗能听到的声音是人类无论如何也感受不到的，人只能分辨来自 16 个方向的声音，而狗能辨出 32 个方向的声音。

即使狗狗睡着了，其听觉仍很敏锐，稍有异常声音便可被惊醒。

狗狗的夜视能力比人类强

狗狗的眼睛比人的眼睛更聚光。狗的视网膜主要由视杆细胞组成，即使在光线很弱的情况下，视杆细胞也能感知光线。

狗特别擅长感知运动。这种能力可以帮助它们发现松鼠等小猎物。

狗狗的社交礼仪之一——闻屁股

狗狗见面就互闻屁股，其实，它们闻的并不是屁股，而是肛门腺。狗狗的屁股后面有两个肛门腺，而肛门腺中含有大量的信息素，肛门腺可以说是狗狗的身份证，它会分泌独特的信息元素，而这种信息元素可以让狗狗分辨彼此的身份，收集对方的信息，让狗狗知道谁是老朋友。

如果你家的狗狗和另一只狗很熟悉，经常一起玩，但见面时还是会互闻屁股，那说明它们在打招呼。这是狗狗社交礼仪的一种。

狗狗在发情期也会出现这种情况，但这时就不是在打招呼了，而是在挑选配偶，看看这只狗是否符合自己对另一半的要求。

当狗狗互闻屁股时，它们能从对方的信息素中得到很多信息，比如性别、是否健康等。这个行为，更像是狗狗在替对方检查身体。

狗狗见面总是互闻屁股，其实也是在判断对方的战斗力。一般来说，都是等级高的狗去闻等级低的狗，这样能表示自己的老大地位。如果两只狗狗实力相当，那就会通过打架来确认谁是老大。

狗狗为什么爱摇尾巴？

狗狗像许多动物一样，把尾巴当作散布气味的工具。狗狗身体的后部有一条气味腺，如果一只狗向它的朋友问好，便希望朋友能够闻到自己的气味，摇动尾巴，就能使自己的气味散布到周围的环境中去。这样，狗狗相互之间就能通过气味来辨别彼此。

狗狗会不会出汗？它们热的时候为什么会吐舌头？

人类特别热的时候，汗就会从我们身上的小孔排出，这些小孔叫作汗腺。狗的汗腺不发达，没办法像人类一样排出汗液。天气特别热的时候，狗就会张开嘴巴，加快呼吸，散发出热量，使身体的温度降低一些，让汗液快一点儿排出来，狗狗就感到凉快一些了。

汪汪队“立大功”

动画片《汪汪队立大功》里有着不同职业和技能的小狗，可爱又能干。生活中也能见到很多从事不同职业的犬种。

护卫犬

代表品种：德国牧羊犬、马犬、昆明犬、藏獒、罗威纳犬、拳师犬

工作内容：护卫犬、警犬、军犬

入职理由：特别凶猛，能发出极具威慑力的吠叫声

是否可家养：否

搜救犬，缉毒犬

代表品种：圣伯纳犬、纽芬兰犬、拉布拉多犬、德国牧羊犬、比格犬

工作内容：帮助找到被埋藏的人或者被藏起来的毒品、炸弹等；山地救援；营救溺水者等

入职理由：嗅觉灵敏、精通水性

是否可家养：是

雪橇犬

代表品种：哈士奇犬，阿拉斯加犬

工作内容：拉雪橇

入职理由：精力旺盛，力气大，毛发厚实，不怕冷

是否可家养：是

治疗犬

代表品种：金毛寻回猎犬、拉布拉多犬、柯基犬（任何一种犬都能经过训练成为治疗犬）

工作内容：降低疼痛，缓解压力

入职理由：个性热情，憨厚忠诚

是否可家养：是

疗愈犬

代表品种：金毛寻回猎犬

工作内容：疗愈有心理创伤的人

入职理由：性格稳定，攻击性不强

是否可家养：是

导盲犬

代表品种：拉布拉多犬、金毛寻回猎犬

工作内容：帮助盲人应对生活中各种状况

入职理由：乐天派，性格宽容友善

是否可家养：是

牧羊犬

代表品种：边境牧羊犬、苏格兰牧羊犬

工作内容：负责牧羊、畜牧

入职理由：天生聪慧，团队配合能力极强

是否可家养：是

动物档案
中 文 名：猫
分类地位：哺乳纲 食肉目 猫科 猫属
0

爱睡觉的邻居

●喵星人天生就具备奶里奶气的独特气质，它们撒娇卖萌起来，是非常治愈人心的。

●猫咪虽然无法帮你分担工作的烦恼，但它们的陪伴安静而又不会给人压迫感，能让人变得不再孤独。

●你需要坚持十几年去照顾猫咪的生活起居，比如喂饭、铲屎、梳毛、修甲、洗澡等。而且猫咪的生物钟是非常准时的，它们每天都会早早呼叫铲屎官起床喂饭，逼得你也有准确的生物钟。

●有研究表明，养猫的人比没有养猫的人心理状态更积极，在面对挫折与挑战时也会更加自信与开朗！

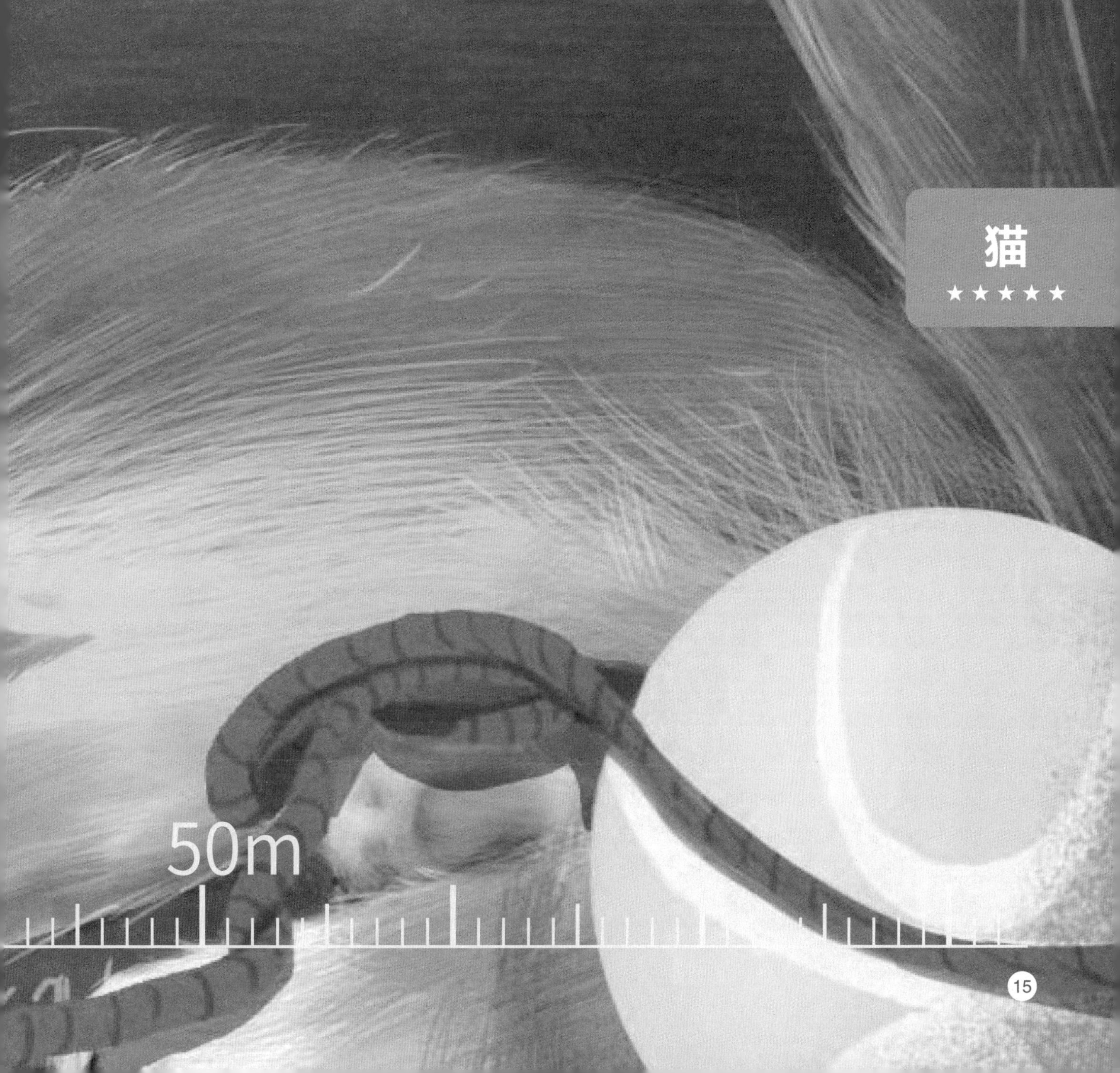

猫

★★★★★

50m

十大受欢迎宠物猫品种

缅因猫（性情温顺　聪明独立）

波斯猫（举止优雅）

布偶猫（温顺黏人　长相俊美）

美国短毛猫（精力旺盛　很少生病）

狸花猫（性格独立　忠心耿耿）

英国短毛猫（甜美可爱　头大脸圆）

暹罗猫（机智灵活　好奇心强）

孟加拉豹猫（酷似豹子　名贵宠物）

喜马拉雅猫(讨人喜欢　忠诚友善)

安哥拉猫（气质优雅　性格温和）

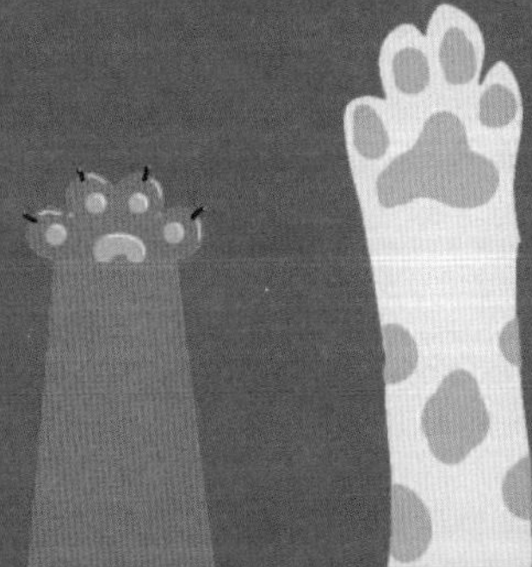

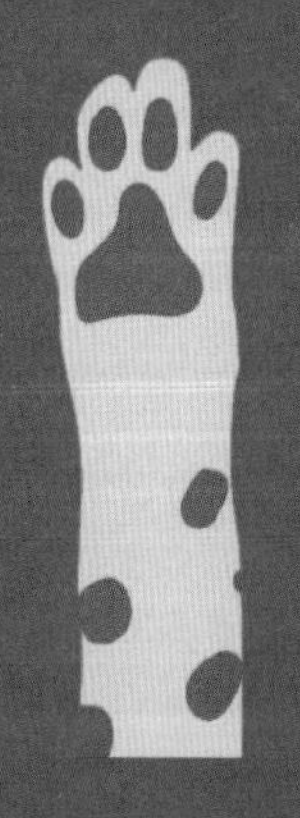

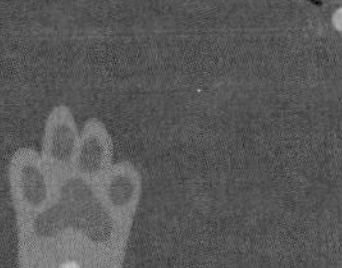

撸猫小贴士

每一只猫的喜好不同，要根据实际情况随机应变。不要一开始就抱着猫咪使劲爱抚，要慢慢和猫咪相处，稍微试探着摸一下再循序渐进地给猫咪爱抚。

对于脾气暴躁的猫咪，如果出现打呼噜、流口水、眨眼睛、闭眼睡觉等，说明此时猫咪是很享受、很舒服的。当猫躺在地上把最脆弱的腹部朝上时，表示它们信赖周围的人，但这不代表它希望有人摸它的肚子。

如出现飞机耳、快速甩尾巴、起身离开反抗等，预示它不耐烦了。这种情况下不要强迫猫咪，放它离开，否则会引起它的反感。

猫咪最爱被摸哪里？

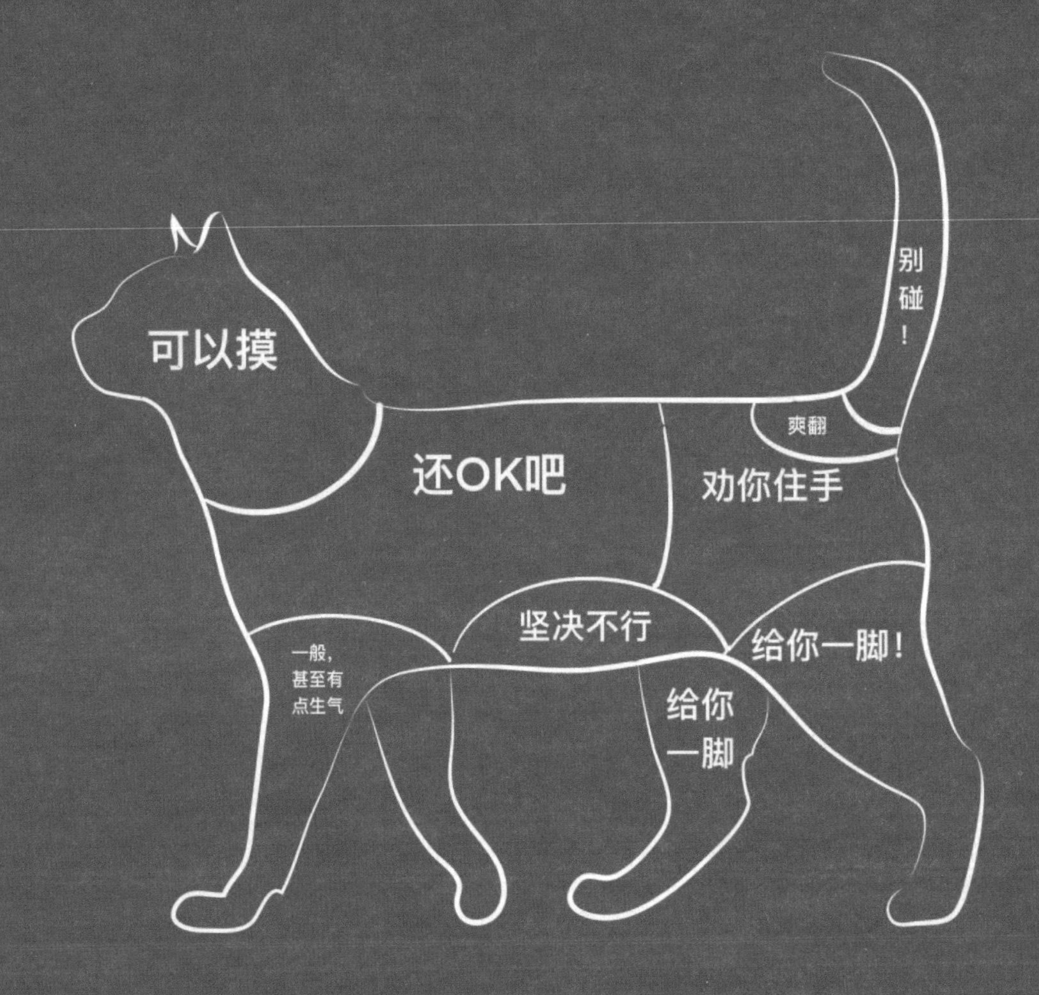

禁忌饮食

部分海鲜类

含刺骨类食物

人吃的饭菜

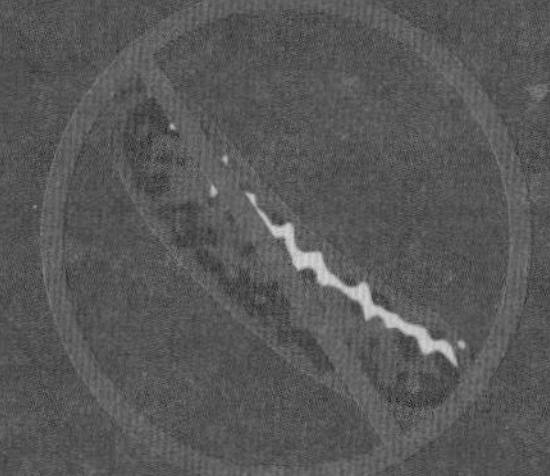

腌制食品

洋葱、葱、大蒜等刺激物

含可可碱、咖啡因、茶碱的食物

牛奶、生蛋白

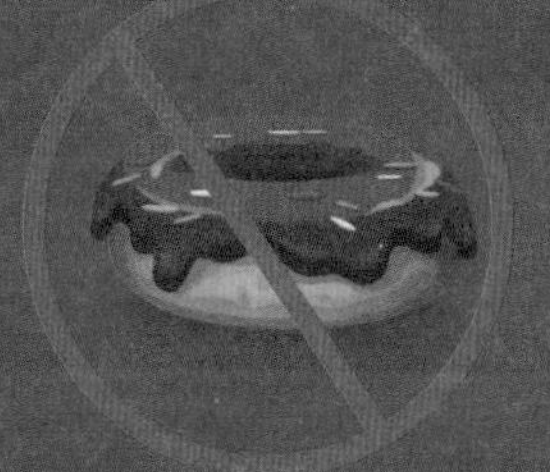

高糖分类零食

多脂肪类食物

含酒精类饮料

猫是猫科动物里唯一一种被驯化的物种

猫的驯化历史不及狗的久远，根据遗传学和考古学分析，人类养猫的纪录可追溯至 1 万年前，人们养猫防老鼠。现在猫已经成了世界上最为广泛的宠物之一，饲养率仅次于狗。目前已被注册的家猫品种已经超过 60 种。

猫是夜行性动物

猫的夜视能力是人类的 6 倍，不习惯白天亮眼的日光，眼睛疼的它们就会选择闭上眼睛，有时候闭着闭着它们就睡着了。猫咪的一生中有 2/3 的时间在睡觉。但每次睡眠时间不长，通常不超过 1 小时，但次数多。

猫是天生的猎杀者

猫的体形不大，但敏捷的身体和食肉的天性代表了它们是天生的猎杀者。猫是非常机敏的机会主义捕食者，它的食谱非常广，凡是它们能捉到的动物，它们都吃。猫除了捕捉老鼠，还会捕捉鸟类、松鼠、兔子、蝙蝠、蛇、蜥蜴、青蛙等，还有很多无脊椎类的昆虫。

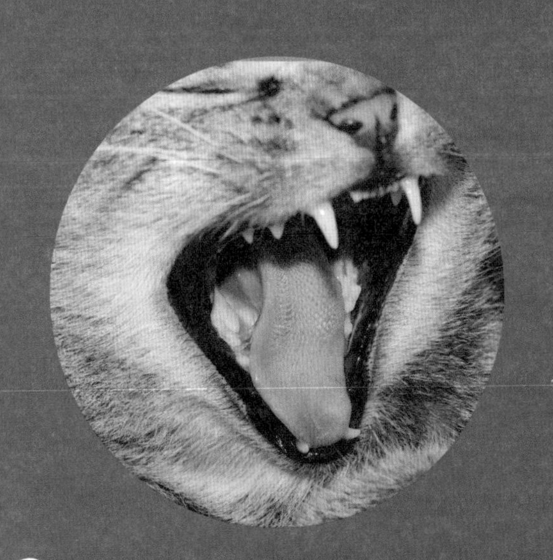

猫咪为什么随时都在梳理毛发？

猫咪的舌面上覆盖着数百根角蛋白倒刺。这些尖尖的倒刺可以帮它们方便快捷地清理杂毛。

猫可以品尝到甜味吗？

科学家通过研究发现猫因缺失控制甜味感知器的基因而无法品尝出糖类物质。

猫为什么爱吃老鼠和鱼？

经过多年研究，德国生物学教授从科学角度解释了猫捉老鼠这一长期困扰人们的谜团。他发现老鼠的体内含有一种被称为“牛磺酸”的奇特物质，牛磺酸对猫来说是一种至关重要的物质。有了牛磺酸，猫的夜视能力会有很大的提高。如果体内没有牛磺酸，猫的夜视力就会变得和人类一样，别说抓老鼠了，在黑夜里可能都找不到自己的小窝。但遗憾的是，猫的体内不能合成牛磺酸，所以猫会捕食体内含有大量牛磺酸的老鼠。

除了老鼠，鱼的体内也有大量的牛磺酸，这大概就是猫如此怕水，却对鱼“情有独钟”的原因吧。

猫咪只会喵喵叫？

猫咪能发出多种声音

猫咪同类之间主要是通过肢体语言和动作交流的，尤其是尾巴、眼睛，有研究发现猫咪的肢体语言超过 60 种。而猫咪的叫声大多是用于跟人类的交流，而不是跟同类交流。

猫咪可以发出单音（喵……嗷……呜……），双音节（嗷呜……哇呜……）和连续音（嘶嘶……咕噜咕噜……小鸟音等）。有资料显示猫咪在 12 周岁的时候就可以掌握至少 16 种猫咪语言。

猫咪有一些发音是比较特别的，譬如见到小鸟或昆虫时发出叽叽喳喳的小鸟音，见到敌人发出嘶……嘶……音，开心舒服的时候发出呼噜噜噜的声音，这类声音还有治愈功效。

猫咪叫得多可能是疾病

有健康问题的猫咪也会非常“健谈”，譬如聋猫、听力不好的猫咪会比较爱叫，而且叫的声音比较大。而有分离焦虑症的猫咪在看不到人的时候也特别爱叫。

假如你的猫咪突然变得爱“说话”，而且看起来没有以前有精神，那它可能生病了。譬如有阿尔茨海默病的老猫，甲状腺、心脏或肾脏有问题的猫咪，都会比以前爱说话。

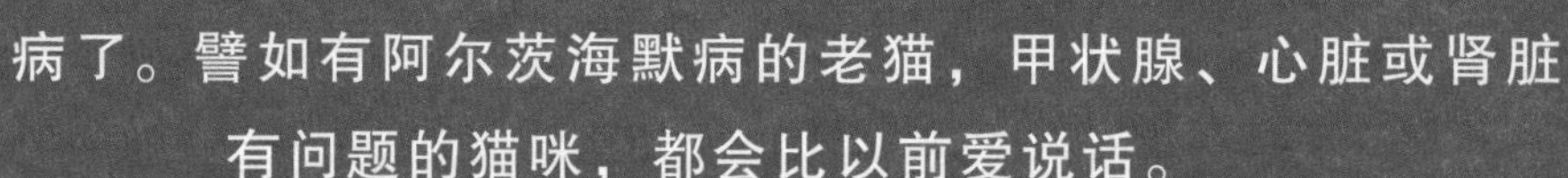

当你发现猫咪异常“多话”，那你应该带它去看一下兽医，做个检查。

猫咪的指甲为什么可以伸缩？

猫咪指甲的“伸缩”实际上是一种折叠，就像弹簧刀那样。猫的趾底有脂肪肉垫，因而行走无声。而按一下这个肉垫，尖锐的指甲就会伸出来，养猫的人一般使用这个方法来剪猫指甲。

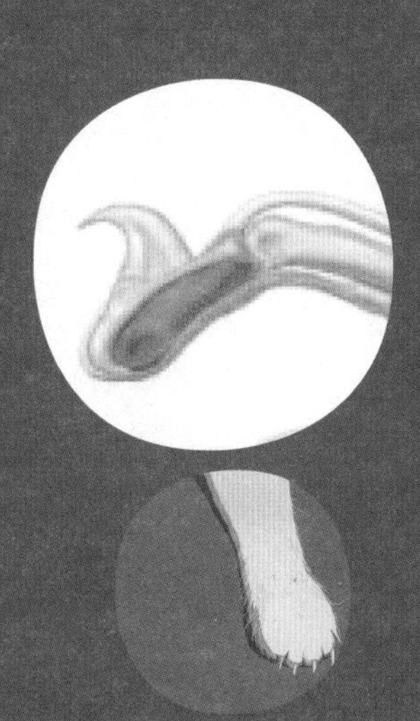

左图是猫的趾骨。在猫不打算打架亮家伙的时候，它的第三趾节骨——也就是带着趾甲的那节——由韧带（绿色）拉住，使这节趾骨向上折起，折回到第二趾节骨（红色）的凹槽中。而当猫进入战斗状态时，屈肌缩短，肌腱（蓝色）收紧，于是第三趾节骨向外弹出，爪子就这样伸出来了。

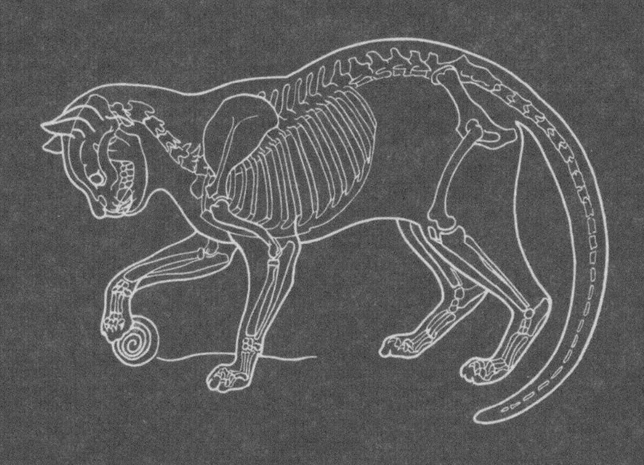

猫

★★★★★

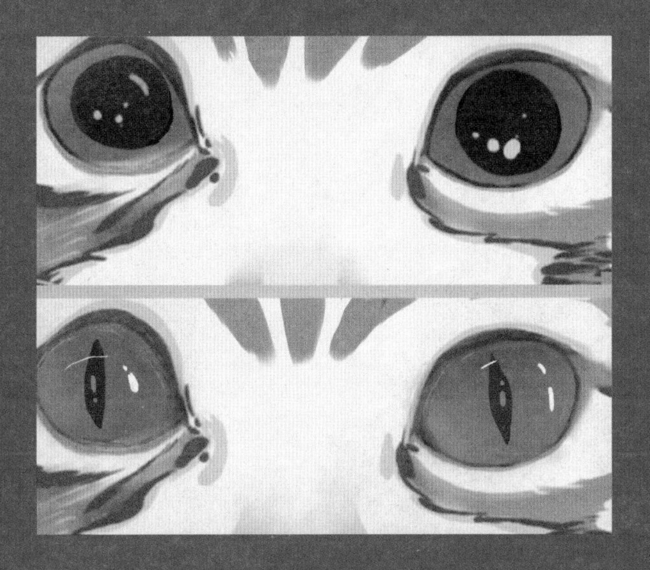

猫咪的瞳孔为什么会出现大小的变化？

猫的瞳孔大小会随着光线以及身体对外界的反应不同进行调整。一般情况下，光线弱的时候猫咪的瞳孔会放大，让更多的光线透过瞳孔，反之则会缩小。另外，猫咪在害怕的过程中瞳孔也会放大，反之在安静舒服的时候可能会看到猫咪瞳孔眯成一条线的情况。

猫咪的胡须有什么作用？

导航作用

猫咪的胡须比一般毛发粗，根部深入皮肤且充满神经末梢，具有触觉感受器的功能。猫胡须还可以帮助侦测气流的变化，使猫咪能在黑暗中避开障碍物，具有导航功能。

保护眼睛

猫咪的胡须不只在嘴边，眼睛附近也有。当猫咪在草丛或灌木丛里狩猎时，如果有东西快碰到眼睛，这些胡须能够引起眨眼反射，达到保护眼睛的效果。

辅助判断

理论上，猫咪嘴巴上的胡须宽度大概跟身体的宽度一样，因此如果猫咪的头能穿过通道入口，胡须不被折到的话，它们就有办法将身体挤过这个通道。猫的胡须根部有极细的神经，稍稍触及物体就能感知到。当猫在黑暗处或狭窄的道路上走动时，会微微地抽动胡须，借以探测道路的宽窄，便于准确无误地自由活动。

分辨心情

当嘴边的胡须松松地挂在两侧时，代表它心情很放松。如果猫咪准备打斗或被吓到时，胡须会向后平贴脸部，以免弄伤自己。准备打猎或保持警觉时，胡须会朝前以帮助侦测猎物。

帮助狩猎

除了脸上的胡须外，其实猫咪前脚腕下面也有胡须，这些胡须对狩猎有着相当大的帮助。当猫咪用前爪抓到猎物时，前脚腕的胡须能帮助猫咪侦测猎物是否还在动。还未抓到、只是触碰到猎物时，前脚腕的胡须有助于确定猎物的位置，以便给猎物以准确一击。

小贴士

猫咪的胡须是重要的感觉器官，所以我们不要想当然地去剃它们的胡须。

动物档案
中 文 名：兔
分类地位：哺乳纲 兔形目 兔科 兔属
0

胆小的邻居

兔子可爱，爱与人互动，饲养起来也简单，也不携带狂犬病毒，是非常不错的宠物伴侣。

兔子安静温顺，不大声叫，也不咬人，不会打扰到街坊邻居，就算带出去遛弯，也不会给他人带来什么困扰。

兔子只需要吃草喝水就能健康成长，而且兔子会自己清理毛发，不用经常给它们洗澡。

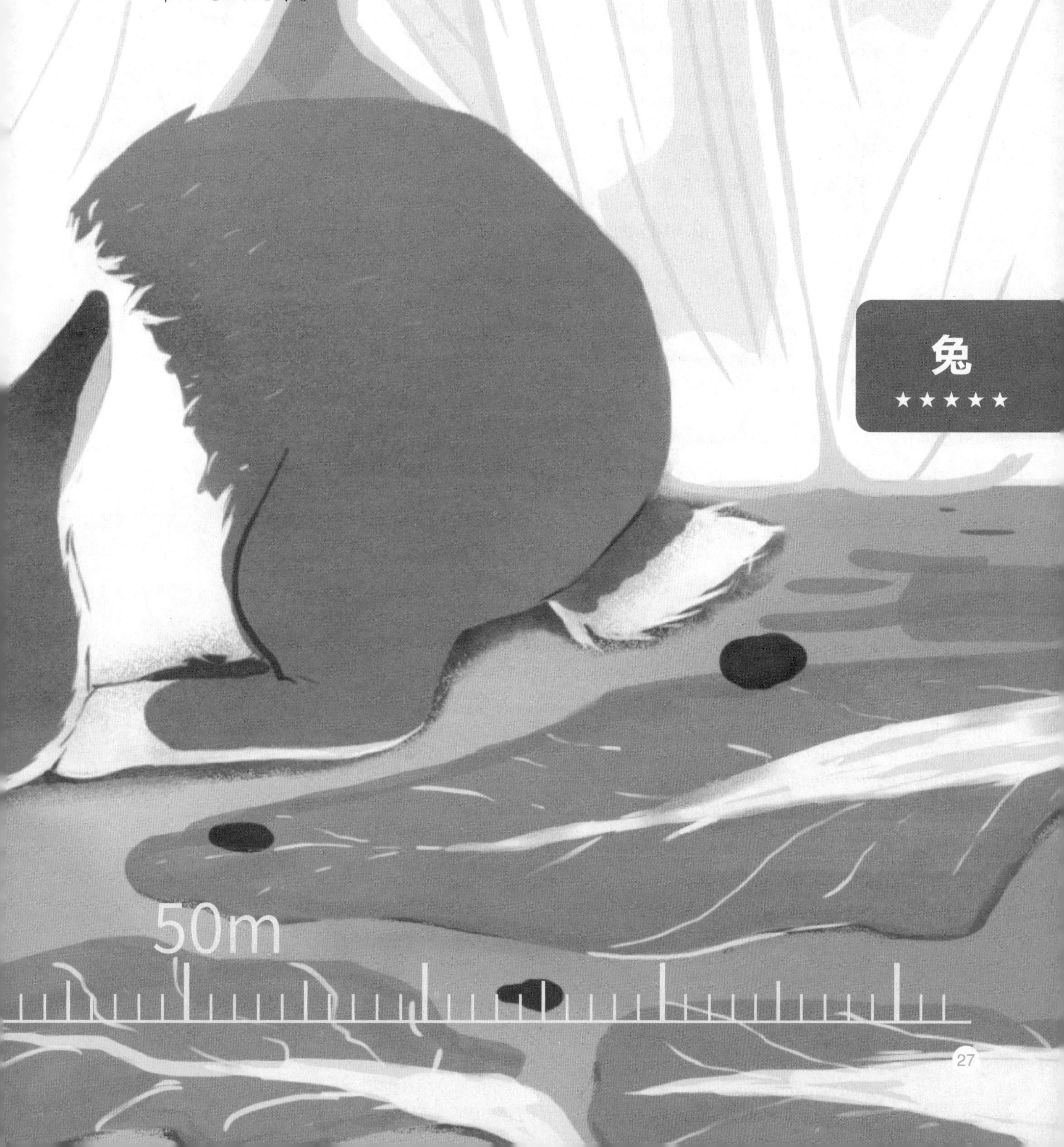

十大受欢迎宠物兔品种

荷兰侏儒兔（圆脸扁鼻　短耳短毛）

荷兰垂耳兔（小巧可爱　性情温驯）

美国费斯垂耳兔（文静胆小　生长较快）

公主兔（温柔可爱　松弛柔软）

荷兰兔（历史悠久　圆润平滑）

英国斑点兔（活泼开朗　爱玩爱跳）

熊猫兔（胆小喜静　耐寒怕热）

安哥拉兔（毛色多样　温顺可爱）

狮子兔（圆脸圆身　毛发不多）

巨型花明兔（性格沉稳　体形较大）

摸兔小贴士

兔子最喜欢的是一手拎着它的颈部，一手托着臀部，让兔子面朝外面，把它抱在怀里。

抱兔子时，动作务必温柔，也不可以太突然，以免吓到兔子。让兔子看到自己的动作，让它有心理准备。

不要长时间抱着兔子，这会让兔子感到不舒服，10 分钟以内就差不多。

当兔子在怀里动来动去，显得焦躁不安的时候，必须把兔子放下来。

抚摸兔子时，不要过于用力，动作轻柔能让兔子了解到人类并没有攻击意图。

饮食禁忌

兔子的门牙为什么那么大?

兔子上下颌的前端都长着独特的门齿，前一对门齿用来咬断草和其他植物，后一对门齿很小，隐于前一对具有切割功能的门齿后方。尽管每天都在用，但门齿从来不会被磨短，因为门齿会一直生长。兔子没有犬齿，门齿与前臼齿间有齿隙，有助于双唇紧收，防止进食过程中其他东西进入嘴里。

兔子的耳朵有什么作用?

兔子的长耳朵有两个功能：一个功能是帮助兔子听到微弱的声音（如食肉动物悄悄接近时发出的声音）并确定声音来源。另一个功能是散热。耳朵表面数以百计的微血管，让血液在回到心脏前能大面积降温，从而降低身体的温度。

人类通过出汗来达到降温目的，狗通过喘气来散热，兔子则竖起它的耳朵，这样既可以保证安全又可以降温。

兔子爱挖洞的原因

兔子需要活动使身体和心理保持健康。它们需要能攀爬、钻进钻出、蹦跳、挖洞和磨牙的东西。如果生理上的需要没有得到满足，兔子可能会变胖，或是变得沮丧。

兔子打洞是有宝宝的迹象。兔子是穴居动物，住在洞穴里让它们有安全感。母兔即将分娩前会专门找一处隐蔽安全的地方挖洞用于产子。

为什么兔子的弹跳力那么好?

因为兔子后腿粗壮，肌肉发达。兔子位于食物链的底端，为了躲避猎食者，兔子拥有粗壮且肌肉发达的后腿，一方面有利于随时逃跑，另一方面可以加快移动速度，减少敌人对自身的伤害。

兔子眼睛都是红的吗?

兔子有各种毛色，它们的眼睛也有多种样的颜色。比如红色、蓝色、茶色等。也有的兔子左右两只眼睛的颜色不一样。

兔子眼睛的颜色与它们的皮毛颜色有关系，黑兔子的眼睛是黑色的，灰兔子的眼睛是灰色的，因为它们身体里有色素。含灰色素的兔子，毛和眼睛就是灰色的；含黑色素的兔子，毛和眼睛就是黑色的。

那为什么我们看到的白兔子的眼睛却是红色的呢?

白兔子眼睛的颜色其实是血液的颜色。白兔子身体里不含色素，它们的眼睛是无色透明的，我们看到的红色并不是眼球的颜色，而是白兔眼睛里的血丝(毛细血管)反射了外界光线，透明的眼睛就显出了红色，所以白兔子的眼睛看起来是红色的。

兔子的尾巴真的很短吗？

其实兔子的尾巴不算短，只是兔子总会把尾巴卷起来。兔子的尾巴长 5~6 厘米，而一只普通兔子的身长才 30~40 厘米。为什么兔子总是把尾巴卷起来呢？因为尾巴太长会妨碍逃跑。兔子跑起来时会把臀部夹紧，既能在短时间内快速发力，又能防止尾巴被咬住。

兔子也喜欢吃便便

兔子的便便分为两种，一种干、圆且硬。另一种软湿，多个小颗粒黏在一起，看起来像一串葡萄，是从盲肠排出体外未经肠胃吸收完的营养物质的集合，兔子往往会把头低到腹部直接吃掉。葡萄便对于兔子来说，是很好的营养补充剂，有助于营养的二次吸收。

兔子这种通过两次摄取食物而最大量地吸收营养的行为被称为“食粪性”。

憨态可掬的邻居

养一头宠物猪别有一番乐趣。猪的毛是短短的，也不太掉毛，家里不会像养长毛宠物那样到处都是飞毛；抱猪的时候也不用担心会有毛沾到衣服上，这也是很多人喜欢养它的原因。

0

猪

★★★★★

50m

受欢迎宠物猪品种

巴马香猪（体形小巧　花色漂亮）

越南大肚猪（皮肤白净　动作可爱）

胡利亚尼猪（小巧温顺　可爱贪玩）

抓小猪小贴士

小猪有一个特性——胆小。在猪的一生中，有的时候是非抓不可的，比如防疫和生病时打针。小猪不能随意抓，抓一次就会受一次惊吓，受了惊吓的猪不好好吃东西，同时也容易腹泻，或患上一些常见疾病，产生应激反应，严重影响生长。

所以尽量少抓小猪。万不得已必须抓时，抓之前最好安抚一下，等它安静下来再抓。抓的时候要先抓住小猪的一条后腿，然后用另一只手托起身体前部，轻拿轻放。

饮食

0~4 周大的小猪，可以喂全脂奶粉，每餐 2~3 大匙的奶粉冲泡成 100 毫升的牛奶，且可添加 1 小匙奶油或 1 颗生蛋黄增加营养。

4 周后可喂食全脂奶粉，每餐约 2 大匙奶粉并减少液态牛奶喂食量，这个阶段称为“教槽”，目的是训练小猪胃肠对固体食物的消化能力。

6 周后可以喂少量或泡水的固体食物，也可开始尝试喂水果、青菜等。在喂食新食物时，小猪可能有营养性下痢问题，一旦发现小猪的便便有形状不完整且较稀，请尽快送医。

小猪在 1 个月后就可完全食用固态食物，因为猪是杂食性动物，食物应包含蔬菜、水果与动性蛋白质（例如鸡肉、牛肉、小黄瓜等）才能营养均衡，健康成长。

居住环境

宠物猪需要住在安静干燥的环境中，温度以18~29℃为宜，可以让它们住在书房、起居室或者阳台。宠物猪怕冷，冬天记得要为它们铺一个温暖的窝，加些毛毯或被子，不要让它们着凉感冒或拉肚子。

如何抱小猪？

正确抱小猪的方式是从小猪的肩胛骨处慢慢抱起，若小猪被抱起时大叫，就不要勉强，以免小猪因紧张而乱咬人。

不要经常给猪洗澡

猪很爱干净，平日只须用澡盆装水，再以毛巾擦拭小猪的嘴巴与鼻子即可。除非小猪到外面玩得脏兮兮的才需要洗澡。若经常给猪洗澡，会造成小猪皮肤干痒，易抓出红疹等问题。

猪

★★★★★

“家”字与猪的渊源

据估计，全世界养殖的猪大概有一半在中国，这与中国人的饮食文化紧密相关。汉字中，“家”字的宝盖头下面就是“豕”（就是指猪），所以“上有片瓦遮雨、下有猪肉作食”是我们祖先对“家”最朴素的理解。十二生肖里，亥猪也是压轴的那一个。在我们的历史文化中，猪不但代表了憨厚善良的人性，更是家庭和睦及财富的象征。

猪都有獠牙吗?

野猪的獠牙十分狰狞，为野猪增添了霸气。但家猪却人畜无害，丝毫看不出有任何战斗力。

其实家猪也是有獠牙的，由于家猪不断被驯化，獠牙就变得越来越小了。有的家猪在小时候，会经历过阉割以及剪牙，因此也就不会长出獠牙。有些家猪因为出栏早，在獠牙还没长出来前，就已经上屠宰场了。

猪不仅不笨还很聪明

猪不仅能识别人的面部和后脑勺，还能通过人的面部特征记住特定的人群，准确程度非常高。

猪的思维方式也非常独特，为了能记住不同的人，它们拥有不同的记忆方法，比如：有些猪是用嘴巴记住人的；有些猪是用鼻子闻气味儿记住人的；也有一些猪是通过眼睛记住人的。它们的视觉识别能力和思维能力让人们惊讶，能在地球上生活这么多年，也不是一个蠢笨的动物能做到的。

猪其实不是胖

猪在大家的眼中是不折不扣的胖子，但一般来说，100 千克猪或大白猪的背膘厚都在 18 毫米以下，瘦肉率在 60% 以上，它们的骨重和皮重约各占 10%，这样一算，它们的体脂率仅为 15%~18%。

如果按照人的标准来确定猪是否肥胖的话，那么大家所常吃的这两种猪的体脂率均略低于 30% 这个标准，应该算是标准体形，并不肥胖。

猪

★★★★★

猪的嗅觉比狗灵敏

猪的嗅觉比狗更灵敏。猪天生就能闻出深埋在地下的松露的气味，痴迷松露的欧洲人就在它们的帮助下挖到了又大又多的松露，而狗在寻找松露方面，则需要刻意训练。

有些地方甚至用猪来搜寻毒品，找寻罪犯的踪迹，培育出了一批“缉毒猪”。这些身材娇小的缉毒猪，可以进入缉毒犬进不去的地方，进行更细致的搜寻。

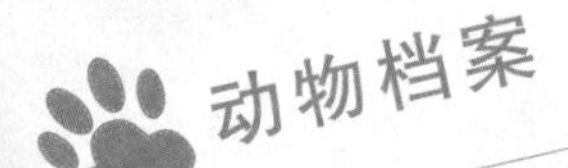

动物档案

中文名：鱼

分类地位：辐鳍鱼纲　软骨鱼纲

狭心纲　盲鳗纲

缌鳗纲

最古老的邻居

观赏鱼，陪着很多鱼友度过许多平凡快乐的日子。

鱼长相祥和，在缸中鳍尾翩翩、锦鳞闪闪、悠然自得的样子让人百看不厌，观赏价值很高。在人们烦躁心灵疲惫的时候看看这些生活在水中世外桃源的鱼儿们，注意力高度集中在游动的鱼身上，就会忘记很多烦恼。

赏鱼对提高视力，增加眼球的活动能力有很大好处。据说京剧大师四大名旦之一梅兰芳就曾用此法锻炼眼神的表现力。现在还有人用这种方法来治疗儿童的心理紊乱，并收到了很好的效果。

0

鱼（观赏）

★★★★

50m

十大受欢迎观赏鱼品种

孔雀鱼（优美绚丽　适应性强）

锦鲤（十分美观　寓意好运）

金鱼（品种繁多　体色多样）

鹦鹉鱼（鹦鹉嘴型　漂亮可爱）

龙鱼（性情凶猛　外形漂亮）

小丑鱼（可爱漂亮　动画人物原型）

地图鱼（高档鱼类　食用观赏兼备）

七彩神仙鱼（颜色艳丽　游姿曼妙）

斗鱼（凶猛善斗　体色漂亮）

斑马鱼（深蓝条纹　体形细长）

注意事项

养鱼小贴士

投喂须谨慎：定质、定时、定点、定量。

注意饲养密度：鱼缸的大小要跟所养的鱼的体形大小相匹配。

换水要定期定量：每 3~7 天换一次水，换水量约 1/4，且水温相差以不大于 ±2℃为宜。

滤材需稳定，谨慎使用消毒剂。

水温水质要适宜：在养鱼之前一定要弄清楚要养的鱼适宜的水温和水质。

谨慎混养。

鱼是不是只有7秒的记忆？

鱼只有7秒记忆的说法并没有科学依据。相反，多项科学研究证明了鱼不仅有更长时间的记忆，甚至还能遗传给下一代。1965年，科学家们就对金鱼的记忆进行了研究，发现金鱼能够记住“光－电击”这个刺激循环长达1个月。加拿大研究人员训练非洲慈鲷寻找食物时，让每条鱼进入水族箱中一个特殊位置进食，3天之后，停止进食训练12天，当鱼再次进入水族箱时，通过监控跟踪软件发现，鱼能够精确定位食物的位置。新西兰Otago大学的科学家发现，斑马鱼的表观遗传记忆能够通过保存DNA甲基化的方式连续遗传给后代。简而言之，鱼的记忆能够遗传给下一代，甚至下几代。

生小宝宝的鱼

鱼是卵生动物，像鸟类、蛙类一样产卵，然后用卵孵化出幼体。但是有几种鱼类却会直接生出小鱼来，比如孔雀鱼、月光鱼、玛丽球、斑马鱼等，看上去跟哺乳动物的胎生一样，但其实这种繁殖方式叫作卵胎生。

鱼的年龄

我们可以根据捕到鱼的鳞片、鳃盖骨、脊椎骨等上面的年轮来判断鱼的寿命。目前记载寿命最长的鱼类是狗鱼。1947 年在德国曾捕到一条带环的狗鱼，环上刻着它的放生日期是 1230 年，据此推算这条鱼至少活了 717 年，堪称鱼中“老寿星”。与此相反，寿命最短的鱼，从出生到死亡，只不过 1 年的时间，比如太湖新银鱼，而一般鱼的寿命为 5~10 年。

如何测算鱼的年龄呢？

比较容易观察的两个部位是鱼鳞和鱼的耳石。

鱼鳞上面的“生长年带”：夏秋季，鱼摄食量比较大，所以轮状较大，颜色较深，称之为“夏轮”；冬季，鱼的摄食量非常小，轮状较小，颜色较淡，称之为“冬轮”。这样宽窄不同的薄片有次序地叠在一起，围绕着中心，一个接一个，形成许多环带，叫作“生长年带”。通过观察鱼鳞的“生长年带”就能知道鱼的年龄。

耳石：随着鱼龄的增加，耳石的中心区域会出现同心圆排列的环纹，非常类似鱼鳞上的环纹，耳石上的环纹数量和鱼龄刚好吻合。

热带鱼都喜欢大的活动空间。在饲养之前，需要考虑鱼缸养多少条鱼合适。

建议遵循一般 1 升水养 1 厘米的鱼。在充足的空间中，鱼儿会比较活跃，体质也会比较好。

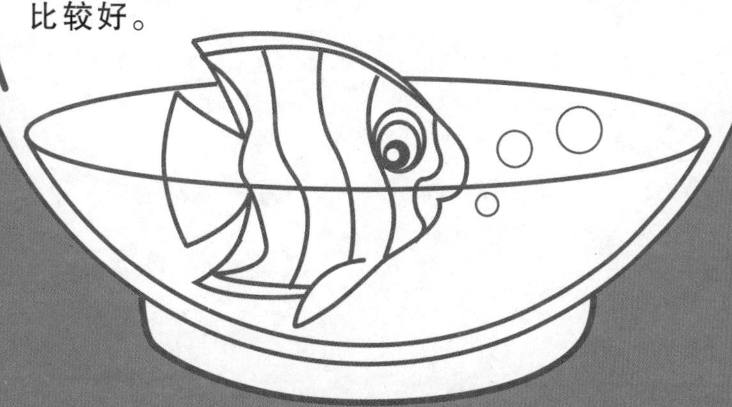

鱼鳞有什么作用?

大多数鱼类，全身被宛如铠甲的鳞片。

鳞为鱼体提供了一道保护屏障，使它与周围的无数微生物隔绝，有效地避免感染，利于抵抗疾病。

鳞为鱼的一层外部骨架，既使鱼体保持一定的外形，又可减少与水的摩擦。此外，生物学家根据鳞片上环生的年轮（每轮表示过一冬）判知鱼的年龄，亦可较为准确地掌握其生长率、死亡率及健康状况。

鱼为什么很滑?

鱼的皮肤会分泌出很多黏液以保证其外表更加润滑，这样可以减少细菌侵入。黏液可使鱼的皮肤不透水，从而维持体内渗透压恒定。此外，黏液还可以减小水的摩擦力，使鱼游得更快。

鱼为什么会有腥味？

水生生物都有腥味，海鱼的腥味主要来自三甲胺，淡水鱼的腥味主要来自水体里的放线菌。

爬树的鱼

鱼儿离不开水，但凡事都有例外，自然界有几种鱼可以离开水生存较长一段时间，例如云南腾冲的“石扁头”，又叫上树鱼。它们可将身体吸附在石头或树上，还能左右、上下移动。每年雨季到来，水边的树木淹在水中，“石扁头”趁此机会，游上水面，吸附在树干上躲避浑水，并准备在树上产卵。随着洪水渐渐降落，趴在树干上的鱼也露出了水面，并把卵产在树上。

除此之外，还有几种鱼也喜欢上岸：弹涂鱼（又叫石猴、跳跳鱼），生活在拉丁美洲、 加勒比海和美国佛罗里达州红树林沼泽中的花溪鳉，东南亚的步行鲶，每年在树上生活几个月。原产于中国、马来西亚、印度的龟壳攀鲈，当水体缺氧时离水，在稍湿润的土壤中也可以生活较长时间。

像鱼不是鱼，是鱼不像鱼

有些动物虽然被称为鱼，却并不是鱼，甚至有的连外形特征也很像鱼。比如章鱼、鱿鱼、鳄鱼，这些鱼看上去就跟鱼类有很大的不同。而连形体也具有迷惑性的是鲸鱼、美人鱼（儒艮）、娃娃鱼（大鲵）等。鲸鱼是鲸目动物的泛称，它们外形酷似鱼类，但其实鲸是一种生活在海洋中的哺乳动物，胎生并且靠肺呼吸。儒艮是一种海洋哺乳动物，属于哺乳纲、海牛目、儒艮科、儒艮属。大鲵是隐鳃鲵科大鲵属的两栖动物，在水中用鳃呼吸，水外用肺兼皮肤呼吸。

同样，也有一些鱼类外形特征不像鱼，且名字不叫鱼，但实际上它们是鱼。海马，从头部特征来看它们更像是马，而且因为这个特点它们才被命名为海马，不过，海马属于硬骨鱼纲海龙鱼科海马鱼属，是真正的鱼类；叶海龙，外形特征像海藻，会模仿海草随波漂浮，但叶海龙属于硬骨鱼纲海龙鱼科叶形海龙属，也是鱼类。

为什么小水潭里会自己“长出”鱼?

一些野生的小水潭会自己“长出”鱼的原因归结起来如下：

下雨导致水流汇聚到小水潭，汇集过来的水里会携带一些鱼卵；

小水潭与地下暗河相连，当地下水从小水潭里冒出来时，就会将河流里或者鱼塘里的鱼苗一同带到水潭里；

鸟类或者其他动物在河流里觅食的时候，身上会沾上一些鱼卵，再把这些鱼卵带到小水潭；

人类的无心引入，让鱼在水潭里繁殖起来。

鱼的亲戚

说到鱼类的亲戚，就不得不提文昌鱼。文昌鱼属于脊索动物门头索动物亚门文昌鱼纲。文昌鱼没有头部和心脏，只有腹主动脉完全收缩的能力，带动血液从后向前流动，而且没有血细胞。文昌鱼虽然未能被列入鱼类的行列，但它却是鱼类的远房亲戚，是无脊椎动物向脊椎动物进化的一个过渡类型（头索动物亚门），在动物的演化史上占据着极其重要的地位。

千里洄游的鱼

洄游的鱼类很多，如青鱼、草鱼、鲢鱼、鳙鱼、带鱼、大黄鱼、小黄鱼、大马哈鱼、鳗鲡、鲟鱼等，科学家根据它们洄游目的和生活行为表现，把他们分为生殖洄游、索饵洄游和季节洄游三种类型。

特别有名气的要数大马哈鱼和中华鲟。它们出生在江河溪流，成长于海洋，长大了再洄游回去繁殖。洄游跨越了海水和淡水，而且距离很长，它们却能够记住幼时走过的路。

鱼会不会睡觉？

绝大部分的鱼是需要睡觉的。因为鱼没有眼睑，所以不会闭上眼睛，而且腮也会一直张合着呼吸，让人以为它们是醒着的。不同种类的鱼睡觉方式都相似，基本上有三种方式：钻进沙里睡觉、暗处睡觉、一边睡觉一边游动。

鱼（观赏）

★★★★

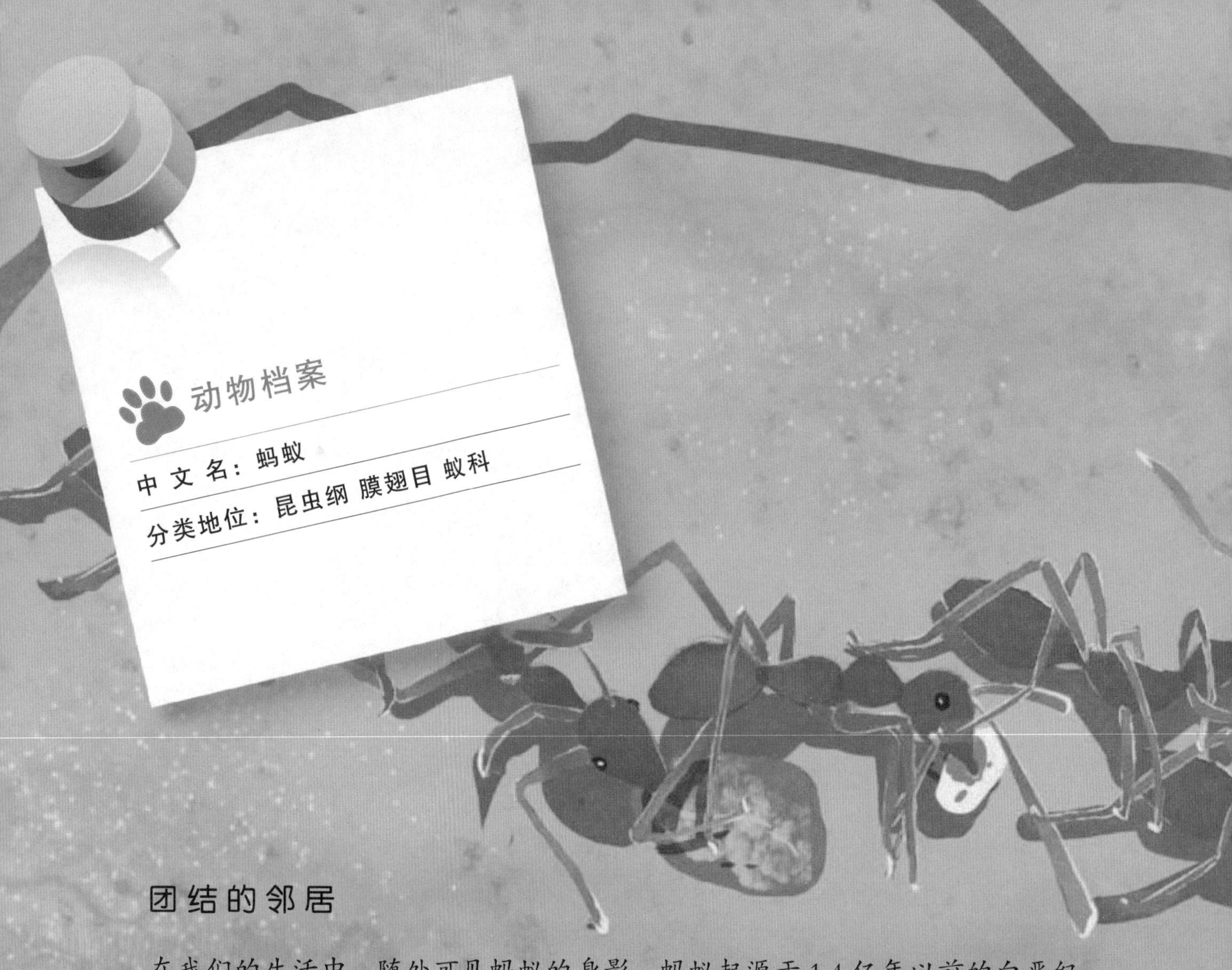

团结的邻居

在我们的生活中，随处可见蚂蚁的身影。蚂蚁起源于1.4亿年以前的白垩纪，世界上现存的蚂蚁接近2万种，它们分布非常广泛，除了极地冰原难觅蚂蚁踪影，其他各种陆地生态系统中都能找到蚂蚁。蚂蚁在地球上有着非常巨大的生物量，地球上所有蚂蚁的生物量大概到了现在人类的1/5，超过了所有野生鸟类和哺乳动物的生物量之和。尤其在热带雨林生态系统中，蚂蚁极为丰富，它们的重量可以和其他所有动物加起来的重量抗衡。蚂蚁既是猎食者，又会被捕食，它们会分解各种动植物的残渣碎片，帮助植物种子的散布，与其他很多动物、植物、微生物存在共生关系，它们也能改造土壤的物理、化学性质等。蚂蚁的存在维持了生态系统物质与能量的平衡与流动，没有蚂蚁，生态系统将会崩溃，人类也将难以生存。

100m

蚂蚁
★★★
150m

蚂蚁的主要种类

小黄家蚁（体形较小　各地都有）

大头蚁（工蚁多型　可危害农作物）

黄猄蚁（树上筑巢　捕食害虫）

黑蚁（嗅觉敏锐　喜食甜食）

红火蚁（外来入侵物种　极具攻击性）

白蚁不是蚂蚁

白蚁并不是白色的蚂蚁，它们和蚂蚁分别隶属于昆虫纲的不同目，白蚁属于蜚蠊目，而蚂蚁属于膜翅目。白蚁和蚂蚁在形态上也有很多差别：白蚁有翅，成虫的前后翅形状、大小及脉几乎相同，翅长远远超过身体，蚂蚁有翅，成虫的前翅大于后翅；白蚁的工蚁、兵蚁大多呈淡白色或灰白色，其胸腹间交接部分宽度差异不大；蚂蚁多为黄色、褐色、黑色或橘红色，其胸腹间呈明显细腰状。白蚁的变态属于不完全变态，没有蛹期，蚂蚁则属于完全变态昆虫，由卵到成虫还会经过幼虫期和蛹期；白蚁的工蚁和兵蚁怕光，蚂蚁不怕光；白蚁主要取食木材和含纤维素的物质，蚂蚁食性更广，有肉食性或杂食性。

蚂蚁

★★★

蚂蚁为什么要排队搬东西？

大多数蚂蚁视力很差，不过它们可以通过释放信息素（一种化学气味）来与同类交流。蚂蚁遍布全身的特殊腺体会分泌信息素，通过触须探测信息素并从中获取信息。每一个独立的蚂蚁族群都有自己特有的至少 20 种信息素，每一种不同的信息素都有其特殊的含义。当蚂蚁出去寻找食物时，前面的蚂蚁会释放出一种只有同类才能闻到的气味，后面的蚂蚁通过触角收到了同伴留下来的气味线索，就会跟上前面的蚂蚁，所以它们好像排着队一样。

蚂蚁王国的等级

蚂蚁是一种具有社会性生活的动物，离开了集体，单独的蚂蚁是很难生存下来的 。一窝蚂蚁就像一个等级森严的王国，由不同等级个体组成：蚁后、雄蚁、处女繁殖蚁和工蚁。

工蚁维持巢穴日常运转，有些蚂蚁物种工蚁单型，有些工蚁多型，还有一些蚂蚁物种工蚁特化为兵蚁。工蚁生来就没有翅膀。工蚁和蚁后都是雌蚁，蚁后体形较大，长有翅膀，卵巢发达；工蚁体形相对较小，没有翅膀，卵巢萎缩或完全退化。

雄蚁只有在繁殖季会产生，雄蚁是蚁后产下的未受精的卵发育而来的。而蚁巢内大部分时间都只存在工蚁和蚁后这两种雌蚁。雄蚁在巢内完全不工作，它们只需等待合适的时机出巢，寻觅合适的雌蚁进行交配，之后很快就会死去。

处女繁殖蚁成功交配后成为蚁后，其翅膀会脱落，控制翅膀的肌肉会分解，为产卵提供能量。

蚁后专职产卵，待在巢穴深处，几乎不出巢。一窝蚂蚁里往往存在着一个或少数几个蚁后，它们专职产卵，源源不断地为蚁巢提供新生力量。

蚂蚁

★★★

蚂蚁都是大力士

单只蚂蚁能搬运比自身体重还重的物品，它们合作时，负重能力比单只蚂蚁加起来的水平提高数倍。

动物档案

中 文 名：蚊子

分类地位：昆虫纲 双翅目 蚊科

100m

防不胜防的邻居

世界上有3500多种蚊子，它们的适应能力很强，分布非常广泛，从热带到温带，除南极洲外甚至在北极都有蚊子。世界上完全没有蚊子的国家为冰岛。蚊子在我国分布同样广泛，有370多种，在云南就能找到300多种蚊子，所以生活中防蚊是非常必要的。

蚊子主要的危害是传播疾病。据研究，蚊子传播的疾病达80多种之多。地球上没有哪种动物比蚊子对人类的危害更大。在总体卫生条件较好，疫苗接种充分的地区，人们可能只会觉得蚊子多了非常烦人，偶尔也会有一些蚊媒传染病零星暴发。但在那些蚊虫真正肆虐的热带不发达地区，蚊子是实打实的“死神”。

150m

常见的蚊子种类

按蚊属（携带病毒最多）

库蚊属（体色棕黄　喜欢夜间活动）

伊蚊属（最凶猛　喜欢白天活动）

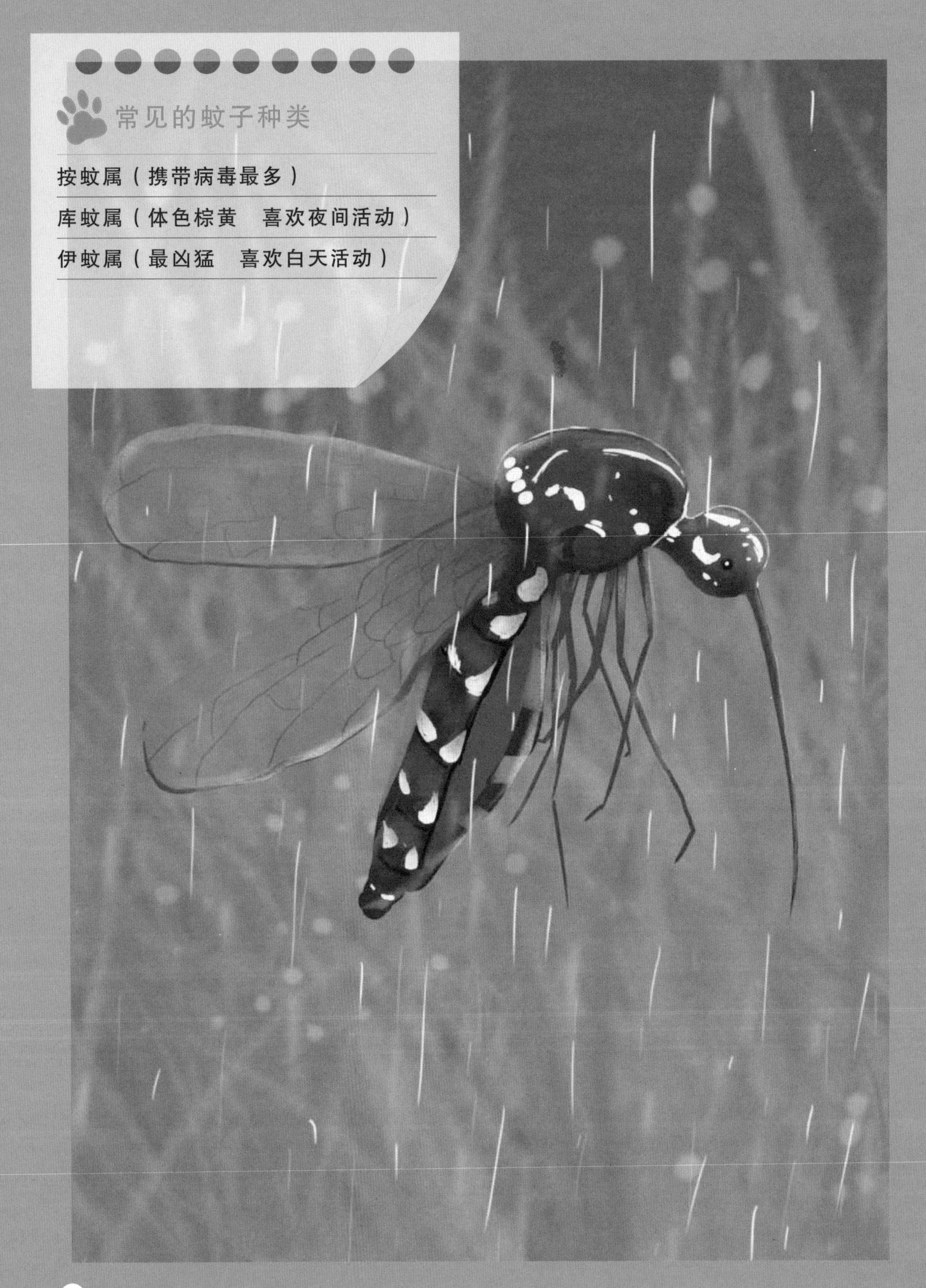

“完全变态”的蚊子

蚊子是一种完全变态发育的昆虫，蚊子的一生要经过卵、幼虫、蛹、成虫四个生长阶段。在成虫前的三个阶段都是在水里完成的，不易观察到。

卵：雌性蚊子把卵像小包裹一样产在水里。一包卵的数量可能达到300多个，所以卵又被称为“蚊子船”。

幼虫：蚊子幼虫悬挂在水面，从水中过滤食物。通过像通气管似的管子呼吸，这使它们可以在停滞缺氧的水池中活下来。蚊子幼虫不断生长，这段时间里它会蜕三次皮。

蛹：蚊子幼虫生长三周以后变成蛹。

成虫：从蛹中飞出来的就是蚊子的成虫了。

这种从卵到蛹，从蛹到最后的成虫形态的过程叫作“完全变态”。

蚊子是世界上每年杀死人类最多的动物

根据世界卫生组织的数据，在世界范围内，蚊子传播的疟疾、登革热等疾病，每年会杀死72万人。光算疟疾的话，2018年就造成了2.8亿人感染，其中41万人死亡。在所有的小型害虫中，蚊子致人死亡是第一名。蚊子的威力十分可怕，我们平常被叮咬已经是最轻微的情况了，蚊子的唾液会让人的免疫系统产生抗拒，我们体内会分泌组胺来进行对抗，这也是我们越去碰蚊子包，蚊子包会越来越大的原因。

如果蚊子的唾液中带有上一个人的血液，而那个人有疾病，另外的人被叮咬之后也会有一定概率感染上病毒。

蚊子有几根口针？

蚊子具有刺吸式口器，而且口器不是简单的1根管，而是6根，分别有着不同的作用。蚊子吸血的时候，并不只用一根针在戳你，而是用好几对灵巧的附肢在做微创解剖、注射和抽血。

蚊子的6根“小刺针”

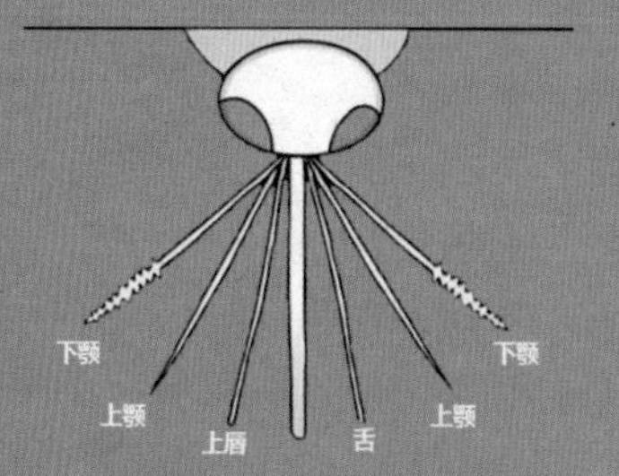

蚊子可以吸多少血？

研究人员用云南白伊蚊作为观察对象，实验结果表明，每只蚊子平均吸血量为1.3570~1.4820 毫克。用水滴来衡量的话，被蚊子叮一次，我们流失的血大概是1/35 滴水。

那么雌蚊一生会吸走我们多少血液呢？

实验表明，大多数蚊子吸一次血需要 5~6 分钟，吃饱以后需半小时的消化时间。一天 24 小时，半小时吸 1 次血，蚊子 1 天能吸 48 次！而蚊子的寿命只有 7 天，算下来蚊子一生吸食的血量为 500~1000 毫克，约 0.3~0.6 立方厘米，甚至还不够填满手机的一个 home 键。

雨天蚊子也可以飞行，只是飞得累点

每逢下雨，蚊子会在空中快乐地飞来飞去——它们似乎一点都不在意身边的环境。不过它们也害怕“坠机”，地面可比蚊子坚硬得多。所以，蚊子要做的是尽快离开雨点。

在雨点的直接冲击下，蚊子会下降 5~20 个体长的距离，继而非常优雅地起身（多亏它们身上有着浓密的毛，这些毛上有一层蜡，可以防水）“闪到”一边，然后猛地冲到空中。

只有雌性蚊子会“咬人”

炎热潮湿的天气，加上人体出汗，会吸引更多的雌性蚊子过来吸血，雄性蚊子不吸血，一般只吸草汁水，只有雌性蚊子会吸血。

雌性蚊子在交配后，只有吸血才能保证卵的发育，所以它们必须吸动物或人的血繁殖后代。它吸满一次血，可以产卵一次，每次能产 300 个左右的卵，通常会产在有积水的地方，如室内的花盆、马桶、地漏等，这些地方都是它们的选择。所以，消灭一只吸血的蚊子，等于消灭了成百上千只尚未孵化的蚊子。

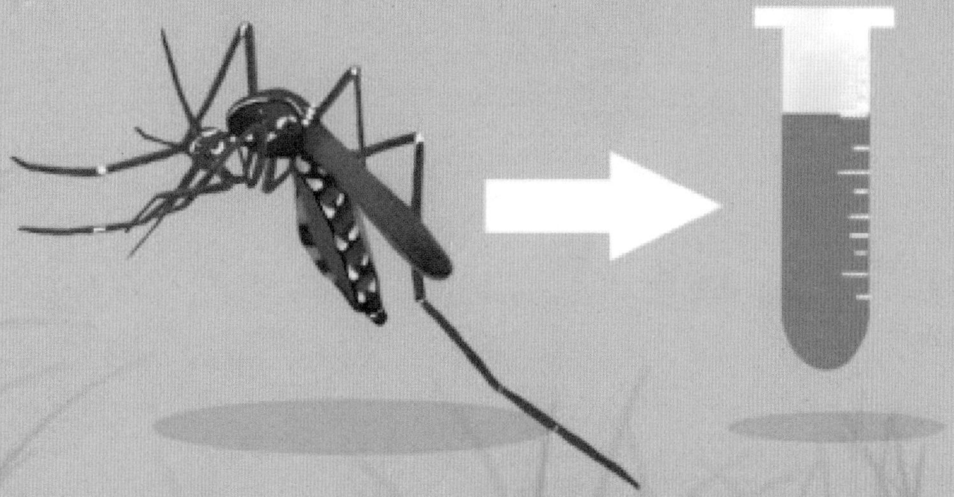

蚊子

★

蚊子有特别喜欢的血型吗?

有人说蚊子爱叮血甜的人，也有人说蚊子爱叮O型血、B型血的人。其实，目前没有任何医学研究可以证明蚊子有选择血型和鉴别血液味道的本事，蚊子身上有很多化学感受器，比如二氧化碳、味觉和热量感受器用来搜寻自己的“下嘴”目标。

蚊子在你身边嗡嗡嗡的时候就是在进行侦察，通过感受器感应你的温度、湿度和汗液里的化学成分决定是否攻击。

●蚊子最喜欢叮爱出汗的人。人体可以产生百余种挥发性化学物质，而敏感的蚊子感知汗腺发达的人排出的汗液分泌物较多，血液中的酸性增强，所排出的汗液让皮肤乳酸值升高，容易对蚊子产生吸引力。

●蚊子喜欢叮呼出二氧化碳较多的人。比如人在从事运动或体力劳动后呼出的二氧化碳会增多。还有些人肺活量较大，呼吸节奏较快，呼出的二氧化碳也会多。蚊子对二氧化碳比较敏感，会闻味而至，找你“开饭”。

●蚊子也对化妆品感兴趣。有研究表明，一些护手霜、洗面奶和发胶等化妆品里含有特殊气味的化学物质对蚊子的诱惑力非同寻常。所以，使用含有硬脂酸的香水和面膜、花香味的香水等的人被蚊子“锁定”的概率较高。

动物档案
中 文 名：蜣螂（qiāng láng）
分类地位：昆虫纲 鞘翅目 金龟甲科 蜣螂属
100m

清道夫邻居

屎壳郎是蜣螂的俗称，因为大多数蜣螂以动物粪便或腐殖质为食，有“自然界的清道夫”之称。蜣螂在生态系统平衡中具有重要的作用。蜣螂的生态价值包括将粪便转运到地下、对种子二次传播的作用、传粉作用、对有害生物的控制作用和作为寄生虫的中间宿主以及广阔的开发应用前景、重要仿生学意义和重大理论意义。世界上有超过2万种蜣螂，除了南极洲以外的其他洲大都有分布。

150m

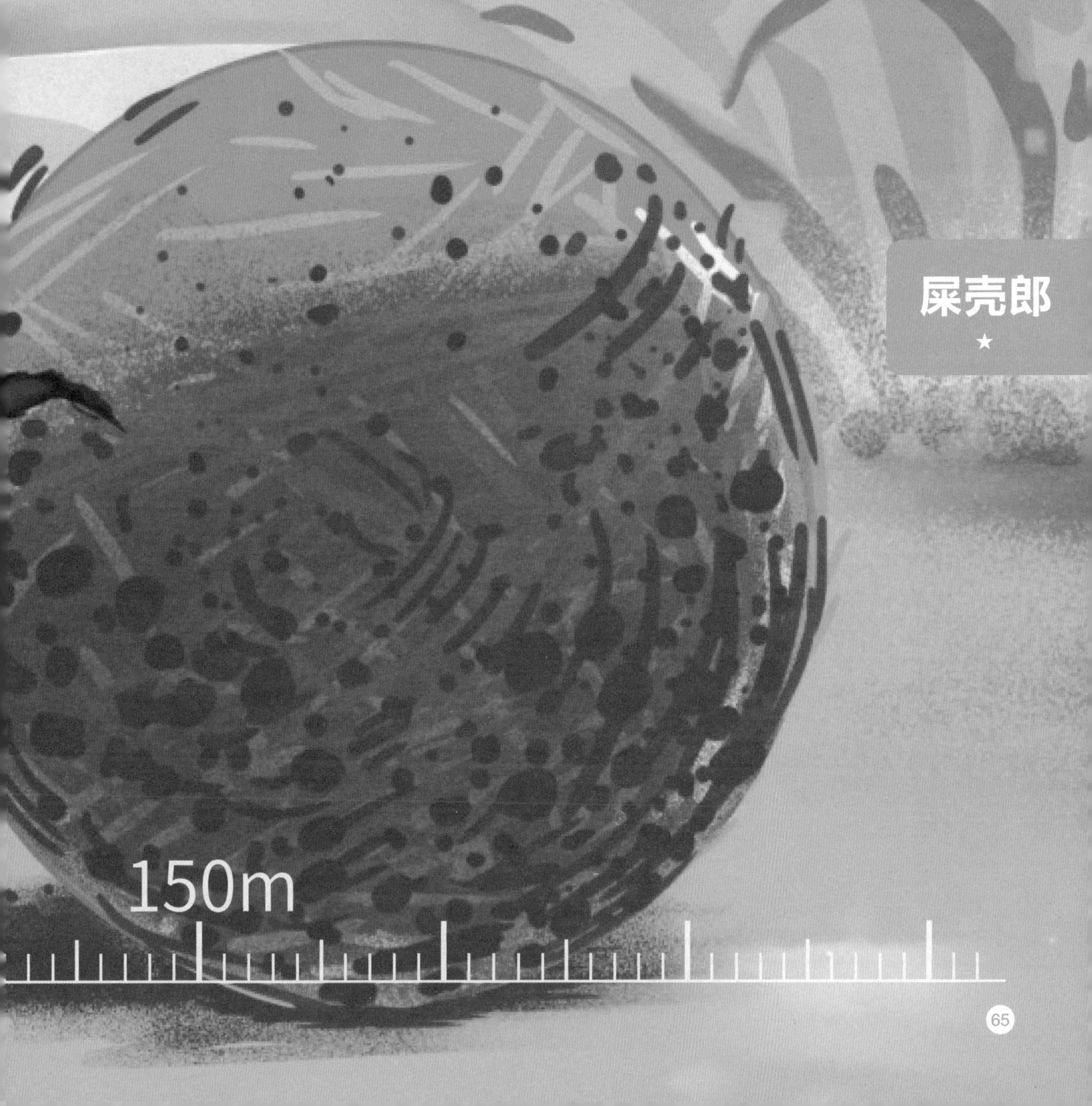

常见的屎壳郎种类

圣甲虫（全世界均有分布，外表有金属光泽）

臭蜣螂（全身为黑色，雄虫头顶有角状突起）

嗡蜣螂（体形较小　全体密布具毛刻点）

神农洁蜣螂（全身漆黑　其犄角呈叉状）

屎壳郎也是会“挑屎”的

屎壳郎也是很挑食的，世界上有各种各样的便便，它们会根据粪便的营养、形状、味道来挑选最喜欢的便便。

从营养上，屎壳郎喜欢杂食和肉食动物的便便，因为这些便便的脂肪和蛋白质含量高，糖分低，最容易吸收也是最有营养的。其次，从形状上，屎壳郎喜欢羊便便，因为其个头正好，不黏“手”也不需要重新搓，它们滚起来轻松愉快。除了营养和形状，屎壳郎还会结合便便的味道来挑选。

屎壳郎能推动多重的粪球？

屎壳郎是自然界最强壮的“大力士”之一，我们常见的屎壳郎一般都在 2 厘米左右，大部分是黑色，也有褐色。研究发现，它们普遍能推动自身重 10~40 倍的物体。有些种类的屎壳郎甚至能推动比自己重 1141 倍的物体，这相当于普通人拉动 6 辆装满人的双层巴士。

为什么屎壳郎爱搓粪球?

屎壳郎整天在粪堆里挖、搓、滚,乐此不疲,其实不只是为了自己,也是为了整个家族,它是一种有责任心的虫。

食物:牛羊等动物排泄的粪便含有大量的有机物,这些物质正好是屎壳郎的食物。它们除了当时吃饱以外,还储藏起来慢慢地享用,同时也可以提供产卵之需,让小的蜣螂幼虫从孵化开始就得到充分的养料。

产房:正在繁殖期的屎壳郎夫妇,把粪球堆埋在地下后,雌屎壳郎会把粪球的一端做成梨状,再将一颗乳白色麦粒状的卵产在粪球梨状的颈部,这个颈部既是产房也是育婴室。一个雌屎壳郎可以产上百粒卵,这样屎壳郎夫妇就得准备足够多的粪球。

求偶:当雌屎壳郎看到雄屎壳郎在推粪球时会对其十分崇拜,于是就会帮雄屎壳郎一起推粪球,最终可能会一起繁衍后代。

屎壳郎

★

屎壳郎为什么总能走直线?

●蜣螂会利用光线和风向来判断方位。

科学家表示，在自然环境下，蜣螂往往会朝着太阳的方向行进。如果遮挡了太阳或人造光源，它们的行进路线会变得弯弯曲曲。而在相关研究中，科学家还发现了蜣螂保持直线的另外一种依据——风力。

生活在沙漠中的蜣螂，每当正午时分，这里的压强变化就会导致强风出现，蜣螂很有可能利用自己灵敏的触角感受风力和风向。

为了证实这一猜测，科学家们利用不同方位的风扇进行干扰，最后发现蜣螂可以通过风向来判断方位，只是光线仍然是它们的主要判断依据。

●夜间的蜣螂活动靠观察天体运动。

科学家还发现，夜间蜣螂活动也不受影响，因为它们会观察天体的运动。这听起来不可思议，但的确有种夜行性的蜣螂可以借助月光辨别方向，从而走出直线。

这种利用月光偏振光前进的生物在地球上首屈一指。

最慢的邻居

蜗牛是陆生贝壳类软体动物，从旷古遥远的年代开始，蜗牛就已经生活在地球上了。蜗牛的种类很多，约25000种，遍布世界各地，仅我国便有数千种。

100m

蜗牛

★

150m

常见的蜗牛种类

非洲大蜗牛（外来入侵物种）

庭院蜗牛（栖息于园林或灌木丛）

玛瑙蜗牛（螺形呈圆锥状，表面有深褐色花纹）

白玉蜗牛（肉质肥厚　营养丰富）

散大蜗牛（产卵量大　繁殖率高）

眼睛和触角： 蜗牛长有2只眼睛和2对触角，视力非常低，只能看清几厘米内的东西，但是它们的触角和眼睛却有再生能力，切除后10多天就能重新长出来。

壳： 蜗牛出生就有壳，壳由大量的碳酸钙和少量蛋白质组成。

蜗牛

★

口： 针尖大小的嘴巴里面有一条长满上万颗牙齿的舌头，叫作“齿舌”。

腹足： 蜗牛靠腹足收缩向前移动，同时足腺能分泌黏液帮助蜗牛向前移动。

身为软体动物的它有 26000 多颗牙齿

有研究表明，蜗牛的牙齿数量相当庞大。蜗牛的嘴巴很小，跟针尖差不多，嘴里有一条矩形的舌头，上面长着无数细小而整齐的角质牙齿，这些牙齿最多有 135 排，每排大概有 100 多颗，因此蜗牛的牙齿达到了 1 万颗以上，这么多数量的牙齿是这个世界上其他生物没有办法比拟的。

蜗牛壳可以再生吗？

蜗牛的壳里有一个外套膜，它分泌出壳的成分而制造壳。但受损壳能否修复，要依情况而论。

轻微破损——如果外壳只是小部分损坏，没有伤及外套膜，外套膜可以分泌贝壳构成物质以修补破损的部位，破损部位修补后颜色较“原装”部分稍淡。

中度破损——如果破损伤及外套膜，则破损部位不能自行修复，只会长成疤痕的结缔组织，蜗牛也有可能继续存活。

重度破损——如果破损伤及内部组织，外界微生物就能直接侵入蜗牛体内，由于蜗牛代谢速率慢，难以在较短时间内修复伤口，微生物持续入侵将给蜗牛造成严重影响，那么蜗牛存活的可能性就比较小。

杀死蜗牛的“凶器”

杀死蜗牛的“凶器”——盐。盐之所以能杀死蜗牛，最主要是因为盐会析出蜗牛体内的水分，使蜗牛因大量脱水死亡。蜗牛软体部分在接触到盐之后，由于细胞内外产生了浓度差，为了保持浓度平衡，细胞内的水分就会流出，此时，蜗牛的软体部分会迅速收缩，冒出白泡，随着水分的慢慢流失，蜗牛的软体部分最终会越来越小直到死亡。往蜗牛身上撒盐就相当于将它们放入烤箱。

蜗牛之最

最大的蜗牛——非洲大蜗牛，这类蜗牛在正常情况下可以长到20厘米左右（壳）。

最小的蜗牛——多米妮卡帕尔－格葛利蜗牛，外壳只有0.86毫米高，10只才能填满一个针孔。

最好看的蜗牛——古巴蜗牛，每个亚种都有属于自己的色型，在树林中就像散落的糖果，格外显眼。

壳最硬的蜗牛——鳞角腹足蜗牛，作为蜗牛中的“硬汉”，即使用世界上最锋利的瑞士军刀尝试划它们的外壳，也只留下一道淡淡的痕迹。鳞角腹足蜗牛生活的区域十分狭窄，目前人类也仅在印度洋的海底热泉地带发现过它们的踪影。

蜗牛有益还是有害？

蜗牛是软体动物，不属于昆虫，具有一定的药用价值，可以用于制药，也存在一定的危害性，说它有害，是因为蜗牛以各种蔬菜、杂草和瓜果皮为食，会啃食农作物的根、茎、芽、花等，尤其喜欢啃食农作物幼苗。它们体内分泌的黏液会污染幼苗，阻碍幼苗的生长，或者诱发农作物病害，可使农作物的产量减少 40% 以上。除此之外，蜗牛还是家畜、家禽某些寄生虫的中间宿主。像危害极大的入侵物种——非洲大蜗牛不仅体型大、寿命长、繁殖能力惊人，而且极不挑食，几乎所有的农作物都在它们的食谱中，对农业、林业都造成了巨大的危害。最可怕的是非洲大蜗牛的身上携带着上百种危险的寄生虫，包括血吸虫、鞭虫、粪类圆线虫等，其中一种叫作广州管圆线虫的寄生虫，会通过人与蜗牛之间的直接或间接接触进入人脑器官，蚕食脑部，引发呕吐、抽搐、瘫痪等，严重时可以导致死亡。因此，在遇到蜗牛时，触碰它们很可能会给自己带来生命危险。

蜗牛，就是水做的

蜗牛作为陆地上最常见的一种软体动物，除了保护身体的坚硬外壳，其软体部分含水量高达 80%，一些种类的蜗牛或是处于特殊时期的蜗牛，含水量甚至可以达到 98%。蜗牛的全身布满了各种黏液腺，每时每刻都需要分泌黏液，来保持身体的滑润，水分对蜗牛的重要性可想而知。

蜗牛的牙齿有什么作用?

蜗牛的牙齿不但多，而且还很锋利。如果你把蜗牛关在一个硬纸板做的盒子里，用不了多久你就会发现这个盒子上有一个破洞。蜗牛就会从中爬出来。蜗牛用它的牙齿吃树叶，不管什么样的叶子它都能嚼碎吃下去。当蜗牛找到食物的时候，它会分泌一种唾液，这种唾液有着 4%的硫酸溶液的酸性，先把食物软化，之后带着牙齿的舌头把食物一点点撕碎了吃。蜗牛在拥有硬壳保护的同时，唾液和牙齿也是它很厉害的进攻武器。

蜗牛的黏液是它的口水吗?

蜗牛的黏液并不是它的口水，而是足腺分泌的黏液，黏液可避免腹足肌肉与地面直接摩擦而受伤，黏液还起到隔垫作用，保护腹足；同时黏液的湿滑性有助于蜗牛爬行。如蜗牛能在刀刃上爬行，在粗糙表面上爬行分泌黏液较多都表明黏液有保护腹足、有助于爬行的作用。当蜗牛软体伸出壳外时，皮肤上覆有一层黏液，浓稠的黏液密度较大，不易蒸散，进而也能减缓蜗牛体内水分的散失，所以蜗牛黏液还具有减少水分散失、润湿皮肤的作用。

冬寒夏热，蜗牛冬、夏眠时，可观察到腹足分泌的黏液变干后封堵壳口，像一道密封门帘，目的是保温隔热，安全度过冬、夏季。因此，蜗牛的黏液具有隔热保温的作用。

蜗牛的黏液可能还有驱虫的作用。有实验表明把蜗牛放入蚂蚁群中，发现蚂蚁碰到蜗牛黏液后都绕道而行。

动物档案

中 文 名：蝴蝶

分类地位：昆虫纲 鳞翅目 锤角亚目

美丽的邻居

蝴蝶是我们认识大自然尤其是认识昆虫最好的窗口，它是孩子们追着跑的美丽虫子，是人和自然的纽带。

蝴蝶帮助植物传播花粉，促进植物繁殖，维持生态系统的稳定。

蝴蝶的宝宝——毛毛虫虽然吃植物的叶子，却调节植物的生长，从另一个角度为生态平衡作贡献。

蝴蝶有美丽的颜色和丰富多样的斑纹，是大自然的杰作，人类学习这些配色和斑纹，设计出很多漂亮的图案，蝴蝶可以说引领了时尚。

蝴蝶象征着浪漫，自古以来文人墨客笔下的蝴蝶都是坚贞爱情的象征，著名的《梁山伯与祝英台》就是最好的代表。

100m

蝴蝶
★

150m

蝴蝶的主要类别

凤蝶（体大而华丽，后翅常有尾）

粉蝶（翅圆而可爱，黄白黑朴素）

蛱蝶（变化最多端，配色最华丽）

蚬蝶（翅张如贝壳，多见碎花斑）

灰蝶（表里不如一，流行金属色）

弄蝶（萌态小飞机，色彩多灰暗）

观蝶小贴士

蝴蝶的活动有明显的季节性，而且不同的蝴蝶出现的环境也不一样。总体而言，夏季能看到的蝴蝶种类最多，植被好的野外能见到的蝴蝶种类和数量都比较多。城市里的公园、绿地、郊外和农村等地方也可以看到一些美丽的蝴蝶。大多数蝴蝶喜欢在早晨 10 点到午后 2 点之间活动，阴天和气温过高的大晴天蝴蝶都不喜欢。

观赏蝴蝶的时候，动作要小一些，声音要轻一些。可以选择花丛、溪边等地方等候，可以适当使用一些淡盐水、发酵的水果或甜白酒来引诱蝴蝶，以便观察和拍照。

蝴蝶的宝宝——毛毛虫和蛹，都有很好的保护色，要找到它们可不容易。但是，花椒树和橘子树上最容易找到一些凤蝶的宝宝，它们长得都很萌。但不要随便摸它们，因为它们不会感受到你的爱，只会把你当成敌人。

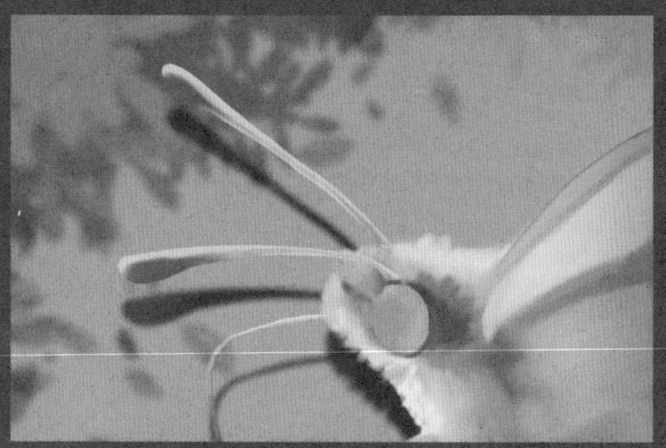

蝴蝶和飞蛾有什么区别？

从前，人们把白天活动、停歇时翅膀合拢在背上、触角像仙女棒（棒球棍）形状的动物叫作“蝴蝶”，而把夜晚活动、停歇时翅膀摊平、触角是丝状或羽毛状的动物叫作“飞蛾”。但是，凡事都有例外。有的蝴蝶很“飞蛾”，有的飞蛾很“蝴蝶”。于是，当人类用DNA研究了全世界的蝴蝶和飞蛾后发现，它们其实是密不可分的一家人。蝴蝶，其实只是众多飞蛾里的一小群。

蝴蝶可以飞多远？

大多数蝴蝶都不愿飞离自己成长的环境，最多也就是几米到几百米那么远。为了求偶，雄性蝴蝶会飞得远一些，而雌性蝴蝶更喜欢守着宝宝要吃的植物活动。但是，凡事都有例外。有些蝴蝶天生就喜欢远行，它们会在特定的季节成群地迁飞到很远的地方。最出名的迁飞大王就是北美洲的君主斑蝶，每年秋季从美国东部出发，飞越3000多千米到达墨西哥的森林里过冬。

蝴蝶

★

蝴蝶的脚是用来走路的吗？

长了翅膀，飞当然是最好的移动方式了。蝴蝶的脚只在停歇时用来攀附或支撑身体的，吃东西的时候也会走上几步。但是，脚对蝴蝶可是很重要的，因为蝴蝶的“鼻子”（嗅觉）就长在脚上。雌性蝴蝶必须在植物上落脚才能判断它是不是宝宝的食物，只有用脚确认过了，才会放心产卵呢。

没有毒的蝴蝶怎么保护自己？

“躲”，蝴蝶的翅膀形状和斑纹长得像环境里的其他东西，比如泥土、岩石、树叶、树皮等，这样就把自己藏起来了，不容易被天敌发现。

“装”，要么从有毒蝴蝶那里“抄作业”，让自己长得像有毒的蝴蝶，还学人家飞行的模样，蒙混过关；要么长一个有“眼睛”（眼斑）、有“触角”（尾突）的假头在后翅上，停歇的时候还有意晃动，故意招惹天敌攻击假头，然后自己逃掉。

“吓”，蝴蝶用鲜艳、闪耀的色彩或硕大的眼斑来恫吓天敌，趁天敌一头雾水的时候逃走。

蝴蝶的嘴在哪里？它们怎么吃东西？

蝴蝶还是宝宝的时候，它们的嘴里有一对大牙（大颚），咔嚓咔嚓地咬碎植物的叶子来进食。可是，长大成蝴蝶以后，它们的嘴却变成了一条可以卷起来的细“管子”（喙）。其实，那不是一条管子，蝴蝶也不需要用力吸食物。喙里有很细小的空间，液体只要碰到它，就会自己“爬”进蝴蝶的嘴里。这么省力的办法，其实是借助了毛细现象的原理，和我们用纸巾吸水一个道理。

蝴蝶都是只吃花蜜吗?

蝴蝶确实会吃花蜜。但是，蝴蝶也会吃很多其他的食物，有些对我们来说十分恶心，比如烂水果、动物粪便、腐烂尸体等。至于它们为什么要这样，只能说，大自然从来不浪费吧。这些看起来恶心的东西里面含有很多已经分解过的有机物，可以为蝴蝶的快速飞行提供能量。

蝴蝶需要喝水吗?为什么水边会有很多蝴蝶?

和所有生命一样，蝴蝶也需要水分。它们主要从食物里获取水分，有时也会喝一点儿露水。但是，水边看到的大群蝴蝶，可不光是为了喝水。如果我们仔细看，会发现它们一边喝水，一边把水“尿”出来，这岂不是白喝了?其实，这些蝴蝶是为了吃水里的矿物质。它们让水流过身体，然后把里面的矿物质收集起来。在水边喝水的都是雌性蝴蝶，它们繁殖的时候，需要贡献出很多矿物质给自己的宝宝，所以就只能这么补充了。

蝴蝶宝宝会像蚕宝宝一样织茧吗?

大多数蝴蝶宝宝不会织茧，它们发育成熟后，会吐很少的丝做一个丝垫，然后用屁股上的“魔术贴”把自己粘在树枝或石头上，倒挂起来变成蛹。凤蝶、粉蝶和灰蝶的宝宝还会吐丝再多做一条安全带绑着自己，这样就不用辛苦倒挂着了。

勇于搏击风浪的邻居

红嘴鸥叫声高亢优美，一般生活在海边，不会主动攻击人类，寿命较长，身体轻盈，羽毛白色和灰色混杂，脚为肉色。

每年10月下旬至11月上旬，数万只红嘴鸥迁徙到昆明越冬，翌年3月底到4月初开始成群结队迁离返回繁殖地繁殖后代，越冬期持续5个月左右。

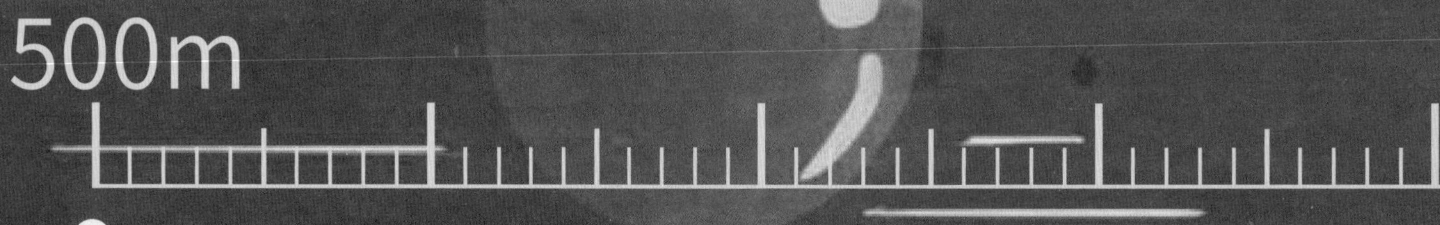

红嘴鸥

★★

550m

光临昆明的海鸥种类

红嘴鸥（体型小　黑色眼珠　翅尖无白斑）

棕头鸥（体型大　透明眼珠　翅尖有白斑）

此“海鸥”非彼“海鸥”

海鸥和红嘴鸥的区别

	海鸥	红嘴鸥
栖息环境	北极苔原、森林苔原、荒漠、草地等开阔地带的河流、湖泊、水塘和沼泽中，冬季主要栖息于海岸、河口和港湾，迁徙期间亦出现于大的内陆河流与湖泊中	平原和低山丘陵地带的湖泊、河流、水库、河口、鱼塘、海滨和沿海沼泽地带。也出现于森林和荒漠与半荒漠中的河流、湖泊等水域。常成小群活动
食性	以海滨昆虫、软体动物、甲壳类以及耕地里的蠕虫和蛴螬为食，也捕食岸边小鱼，拾取岸边及船上丢弃的残羹剩饭	以小鱼、虾、水生昆虫、甲壳类、软体动物等水生无脊椎动物为食，也吃蝇、鼠类、蜥蜴等小型陆栖动物
头部颜色	头、颈白色，背、肩石板灰色；翅上覆羽亦为石板灰色，与背同色；腰、尾上覆羽和尾羽均为纯白色。第1、2枚初级飞羽黑色且具较大的白色次端斑，基部灰白色或在内翈形成较大的灰色斑	头至颈上部为咖啡褐色，羽缘微黑，眼后缘有一星月形白斑。颏中央白色。颈下部、上背、肩、尾上覆羽和尾白色

红嘴鸥是不是真正的海鸥?

红嘴鸥俗称水鸽子,体形和毛色都与鸽子差不多。红嘴鸥大多出现在湖泊、江边,红嘴鸥是海鸥的一种。

红嘴鸥体形大小与鸽子相似。红色的小嘴扁扁的，尖端呈黑褐色，身体大部分为白色，展翅高飞时，翩翩犹如白衣仙子。该鸟夏季在北方繁殖，冬季就迁移到高原湖泊、坝塘和水田中越冬。在云南的高原湖泊中，秋冬季都可发现它们的踪影。

红嘴鸥

★★

来昆的“客人”们有多少？

红嘴鸥的种群数量变化主要受其迁徙季节的天气和食物影响。近几年来，组织开展红嘴鸥同步统计的数据调查结果表明，每年来昆明越冬的红嘴鸥数量平均保持在3万多只，近年来，逐步超过4万只。

来昆的“客人”们喜欢待在哪儿？

红嘴鸥主要集中在海埂大坝、翠湖公园、大观楼等人流量大、人工投食集中的区域以及晋宁、呈贡、海口等的湿地公园。随着昆明生态环境不断得到改善，红嘴鸥在昆明的分布将会呈扩散趋势。

来昆的“客人”们长啥样？

在昆红嘴鸥的各项体况平均值分别为：体重270~370克、体长36~41厘米、翅长29~31厘米、尾长10~12厘米、喙长32~35毫米、跗趾长44~46毫米。体形和毛色都与鸽子相似，嘴和脚呈红色，身体的大部分羽毛为白色，尾羽黑色。

来昆的“客人”们打哪儿来？又去往哪儿？

来昆明越冬的红嘴鸥分别来自蒙古国的乌布苏湖和吉尔吉斯湖流域、俄罗斯的贝加尔湖、中国新疆的博斯腾湖。

每年春季红嘴鸥飞离昆明后，它们的迁徙路线主要有三条：

第一条线路：从昆明出发经过四川、陕西、宁夏、内蒙古，穿越蒙古国最终到达俄罗斯的西伯利亚地区的贝加尔湖；

第二条线路：从昆明出发经过四川、陕西、宁夏、内蒙古、甘肃，穿越蒙古国西北沙漠，最终到达蒙古国的乌布苏湖和吉尔吉斯湖；

第三条线路：从昆明出发经过四川、青海、甘肃，沿河西走廊进入新疆，沿塔克拉玛干沙漠边缘抵达新疆的博斯腾湖。

（棕头鸥）

红嘴鸥
★★

来昆的"客人"们有啥习性？

不进城的"打野族"：不进入城区的红嘴鸥主要以滇池和其他水库、鱼塘等湿地为觅食地，捕食虾、小鱼、螺蛳等水生小动物，日间只在夜宿地和觅食地之间活动。

爱进城的"街游子"：进入城区的红嘴鸥则往返活动于夜宿地、集中地和觅食地三处活动，其觅食地主要集中在翠湖公园、海埂公园、大观楼公园等人群密集的区域，以市民和游客投喂的面包、馒头及专用鸥粮为主要食物；而集中地主要在一些水面开阔、水深平均1米左右、水中小鱼小虾等食物资源丰富的区域，集中地可能是红嘴鸥觅食地之外的食源补充地。

来昆的“客人”们生病怎么办？

每年来昆明越冬的红嘴鸥均保持在 3 万多只，形成一个庞大的天然病原体库，存在着潜在的疫病传播危险。昆明市各县区对红嘴鸥栖息地、觅食地进行清洁、消毒和防疫工作，按照“早发现、早报告、早处理”的要求，严格落实每天零报告制度，扎实开展了野生动物疫源疫病监测防控工作。

多年来，在开展红嘴鸥环志调查的同时与疫源疫病监测工作有机地结合起来，随机抽样采集了 1559 只红嘴鸥血清和分泌物进行疫源疫病检测化验工作，均未发现高致病性禽流感病毒。

根据鸟类专家多年的观察研究，进入城区活动的红嘴鸥在越冬期间活动集中在日出日落之间，并且表现出明显的规律性：

6:00–6:30 离开夜宿地

7:30–9:30 到达集中地

8:30–10:00 到达觅食地

15:30–16:30 离开觅食地

16:30–18:30 到达集中地

19:30–20:00 分散到夜宿地

其觅食高峰和各觅食地游客活动高峰相吻合，表现出对投食的极大依赖性。

动物档案

中 文 名：孔雀

分类地位：鸟纲 鸡形目 雉科 孔雀属

美丽的邻居

孔雀是鸟类，和我们再熟悉不过的家鸡是亲戚。孔雀属共有两种：蓝孔雀和绿孔雀。孔雀还有另外一个属的远亲——非洲孔雀属的刚果孔雀。孔雀的饲养和繁殖类似家鸡，只是体形更巨大、“颜值”更高、繁育需要的场地更大。蓝孔雀就是最好的例子。蓝孔雀是中国从印度等引进养殖的物种，国内没有分布。绿孔雀是中国的原生物种，目前数量稀少，《世界自然保护联盟红色名录》将其保护级别定为濒危，我国将其定为国家一级重点保护野生动物。基于对它保育的需要，后续可能会建立保育基地，对绿孔雀进行饲养、繁育和野放，以期能一定程度上恢复种群数量，并保持遗传多样性。

500m

孔雀

★★

550m

常见的孔雀类型

蓝孔雀（冠羽宽扇形，蓝孔雀是养殖最多的孔雀种类）

绿孔雀（羽毛绚丽多彩，羽支细长，犹如金绿色丝绒）

白孔雀（全身羽毛洁白无瑕，眼睛呈淡红色）

杂交孔雀（由绿孔雀与蓝孔雀杂交而成，冠羽短条形或窄扇形）

孔雀会飞吗？

孔雀是会飞的，只不过在鸟类中它更善于奔走，飞行能力要差一些。

孔雀开的“屏”是尾巴吗？

孔雀最引人注目的莫过于巨型的“尾巴”，华丽而极具视觉冲击，平时收拢拖在身后，像是女性晚礼服或婚纱后面长长的裙裾，展开之后就是孔雀的招牌动作“孔雀开屏”，不过那是雄孔雀才有的特权。孔雀开的“屏”并非它的尾巴（尾羽）。组成孔雀尾屏的是多达 100~150 根、伸展开来有 1 米多长的羽毛，并非它的尾羽，是它的尾上覆羽延长形成，真正的尾羽躲在了尾上覆羽下，起到支撑的作用，类似我们华丽舞台剧的幕后人员，不为人知，但是不可或缺。

雄孔雀为什么会开屏？

孔雀是一种正面求偶炫耀的鸟类，在野生状态下，雄孔雀开屏的主要目的就是求偶。繁殖季时，雄孔雀就展开它那五彩缤纷、色泽艳丽的尾屏，闪现出靓丽的眼状斑，还不停地做出各种各样优美的开屏动作，向雌孔雀炫耀。待到它求偶成功之后，便与雌孔雀交配，雌性产卵后独自育雏。

实际上孔雀开屏是由一系列的行为构成的，鸟类学者将孔雀开屏的求偶行为过程分为开屏、回转、舞步、奏鸣、抖动、弄姿等多个步骤。在笼养条件下，不仅雄孔雀有开屏现象，雌鸟和幼鸟也有这种现象。同时雄鸟在没有雌鸟的情况下也会开屏，甚至会对饲养的其他动物和研究人员开屏，展示其色泽艳丽的尾屏，说明开屏可能并不完全与繁殖有关。据观察，孔雀虽然全年均有开屏行为，但中国科学院昆明动物研究所鸟类组在笼养条件下的观察表明，绿孔雀开屏这种求偶炫耀行为有明显的年周期变化，在一年中求偶炫耀行为仅出现在 11 月至翌年 5 月，最高峰为 2~3 月。绿孔雀在一天中最多求偶炫耀 20 次，两次求偶间距最短仅间隔 1 分钟，平均日求偶炫耀 3.3 次，时间为 17.65 分钟，观察到开屏的最长时间可达 1 小时 28 分钟。

白孔雀是生病了吗？

白孔雀是孔雀的白化变异品种，既可以由绿孔雀白变，也可以由蓝孔雀白变而成，国内动物园中常见的白孔雀是在养殖过程中，人类选育出来的一类全身羽色洁白，可以稳定遗传的蓝孔雀变异品种。白孔雀多数并不是白化病，而是发生了“白变”。白变与白化是有区别的，白化个体由于无法合成黑色素，其虹膜颜色很浅，眼睛往往呈现红色。而白变个体是源自胚胎神经嵴的黑色素细胞变异所致，但由于眼睛中的黑色素细胞并不源于胚胎神经嵴，因此白变动物眼睛的颜色是正常的。虽然羽色变白，但是扇状冠羽显示出蓝孔雀的血统除了白孔雀，在人类有意识的选育下还出现了尾屏眼斑为白色、翅上覆羽呈蓝黑色、身体羽色蓝白相间或呈各类棕色的诸多变异。

孔雀

★★

中国哪里能见到绿孔雀？

在中国，现今只有云南南部和中部能见到野生状态下的绿孔雀。根据文献、古籍和遗址等的记录，历史上绿孔雀曾经分布在3个区域：长江流域（主要指长江中下游、四川盆地和滇东北一带）、岭南（主要分布在粤东地区、粤中地区、云开大山及其附近地区、桂北地区、桂西南地区和桂东南地区）和滇西南，随着人与生物圈的变化，分布区域和数量都逐步趋于萎缩，呈现从北向南、从东北向西南逐步退缩。

最有爱的邻居

据史料记载，大象很早就成了人类的朋友，并能为人类提供帮助。大象非常聪明，能开辟场地，还能把死去的同伴安埋在落叶枯枝之中。大象寿命很长，一般能活 70 岁左右，它们在 10 岁到 15 岁性成熟，怀孕期长达 22 个月。大象分布极广，大约在 4000 万年以前，除了大洋洲和南极洲以外，各洲都有它们的足迹，然而现在主要有亚洲象和非洲象两大类。

大象
★
550m

常见大象类型

亚洲象（体型相对较小　耳朵较小　通体灰棕色）

非洲森林象（耳朵较大　毛色为深黑色　象牙细且长）

非洲草原象（体型最大　毛色为深灰色　象牙长而弯）

耳朵并非大象唯一的听力工具，它们也能用脚来听声音

大象发出的低频次声波，不仅可以通过空气传播，还通过地面传播，所以当大象用脚来听声音的时候，它们会站着不动，甚至会身体稍微前倾，把重心放在前脚上，以便听得更加清楚。象群会一起跺脚，产生强大的隆隆次声波，这种方法最远可传播 32 千米。

大象走路无声

大象的脚上覆盖着柔软的肉垫，有助于支撑它们的重量，并防止它们滑倒和减弱脚步声。尽管大象很重，但它们几乎可以安静地行走。此外，大象用脚聆听其他大象通过地面振动发出的亚音速“隆隆”声。人们观察到它们通过将鼻子放在地上并小心地调整脚来倾听。

大象是优秀的父母

如果一次被照顾的孩子数量超过 3 个，你会发现自己根本无暇顾及每个孩子。然而，大象完全不用担心这个问题，无论这些幼崽相隔多远，它们都能够创造一幅精密的心理地图，通过小象留下的气味，准确找到每只小象的位置。

象牙为什么长在外面？

大象露在外面的牙齿是上门齿，下门齿已经退化，嘴里还有咀嚼食物的臼齿。

象牙作用很多，主要是自卫和搏斗的武器，还可以采集食物，比如剥落树皮和挖掘草根，也有人见过西非森林象用象牙刺破树果的硬壳。

非洲象雌性和雄性都有长长的象牙；亚洲象通常只有雄象的门齿露于口腔外，雌象一般不显露。

大象的鼻子为什么这么长？

大象的长鼻子是自然进化的结果。为了抵御恶劣的自然环境和天敌的进攻，大象的身体越长越高，嘴巴离地面也越来越远，为了获取食物，它们只有靠鼻子来拾取，慢慢地，它们的鼻子就越变越长了。大象的鼻子由几万条肌肉束组成，是辅助取食、吸水的工具和自卫的有力武器。

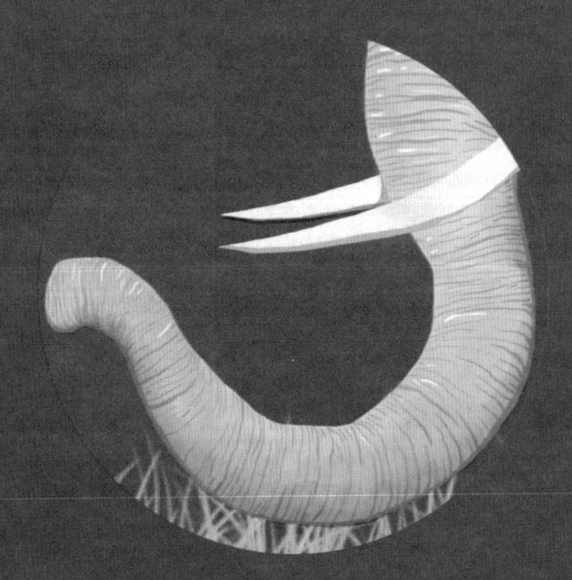

大象的耳朵有什么作用？

大象的耳朵上有许多血管，血管里流着热血，两个大耳朵扇动的时候，就可以给血液降温。大象还可以通过扇动耳朵驱赶蝇蚊。

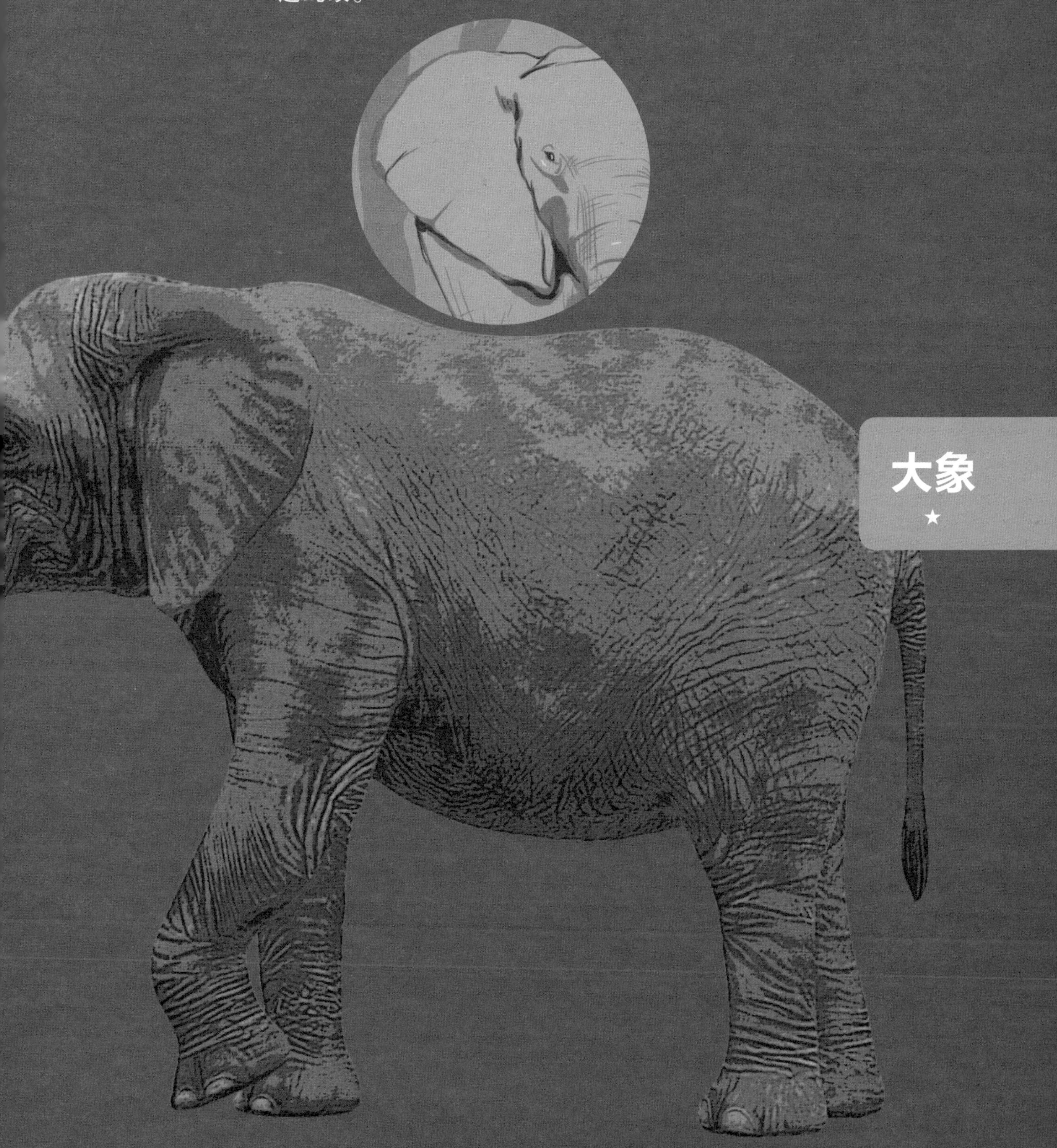

动物档案
中 文 名：猫头鹰
分类地位：鸟纲 鸮形目 草鸮科、鸱鸮科
500m

常年夜班的邻居

猫头鹰别名“鸮”，因其面貌似猫，人们一般称它们为“猫头鹰”。猫头鹰白天喜欢躲在树叶间睡觉，等到夜幕降临出去觅食，是森林里的捕鼠专家。由于猫头鹰的眼睛长在头部前方，不像别的鸟那样长在两边，因此它们想全方位观察四周情况时，只能不停地转动脑袋。

常见猫头鹰类型

鬼鸮（单独活动　声如吹笛）

乌林鸮（猫头鹰中的“狼外婆”）

草鸮（面似猴脸　多在地上营巢）

雕鸮（鸮喙钩曲　低空飞行）

褐林鸮（面盘显著　机警胆怯）

猫头鹰有三层眼睑

第一层用来眨眼，第二层用来睡觉，第三层叫作瞬膜，用来保护眼球。在飞行时瞬膜可以防止风沙对眼球的伤害。

猫头鹰飞行的时候没有声音

羽毛也是猫头鹰静音飞行的重要因素。猫头鹰翅膀初级飞羽外缘的梳齿结构可以起到涡流发生器的作用，将流过翅膀表面的大空气涡流“过滤”成细碎的小涡流，抑制紊流边界层噪声的产生；气流经过翅膀后缘时会发生涡旋脱落分离，初级飞羽后缘的穗状须边可以使脱离过程变得离散，抑制涡流脱离引起的气动噪声；覆盖在猫头鹰体表的大量松软绒毛具有吸声降噪功能，能够吸收气流与猫头鹰身体作用时发出的声音，减少声音反射。

左右不对称的猫头鹰耳朵

猫头鹰的耳朵结构和其他鸟类不一样，它们头顶上的不是耳朵，而是两簇耳羽，有利于收集声音。猫头鹰真正的两只耳朵不在头顶，也不在一个水平线上，而是一高一低，左耳位于前额的水平位置，具有发达的耳鼓，左耳的耳道比右耳更宽；右耳则位于鼻孔的水平位置。猫头鹰在听到声音时第一反应就是转头，让声音传到左右耳的时间产生差异，从而准确分辨出声音方位，因此它们在漆黑的夜晚也能成为“鼠类杀手”。

猫头鹰的眼睛不会转

猫头鹰的眼睛不是球形的而是柱形的，有坚硬的巩膜包裹着，很难转来转去。

所以如果猫头鹰想看左边的东西，它只能转动它的头……

最大可以转到 270 度！是不是很厉害！是已知生物中最能转的了。

猫头鹰

★

动物档案
中 文 名：松鼠
分类地位：哺乳纲 啮齿目 松鼠科
500m

爱吃坚果的邻居

松鼠的面容清秀，体形细小，四肢强健，脸颊内侧有颊囊的构造，能储存很多食物，身后有一条蓬松而宽大的尾巴，是最爱藏坚果的邻居。

松鼠

★

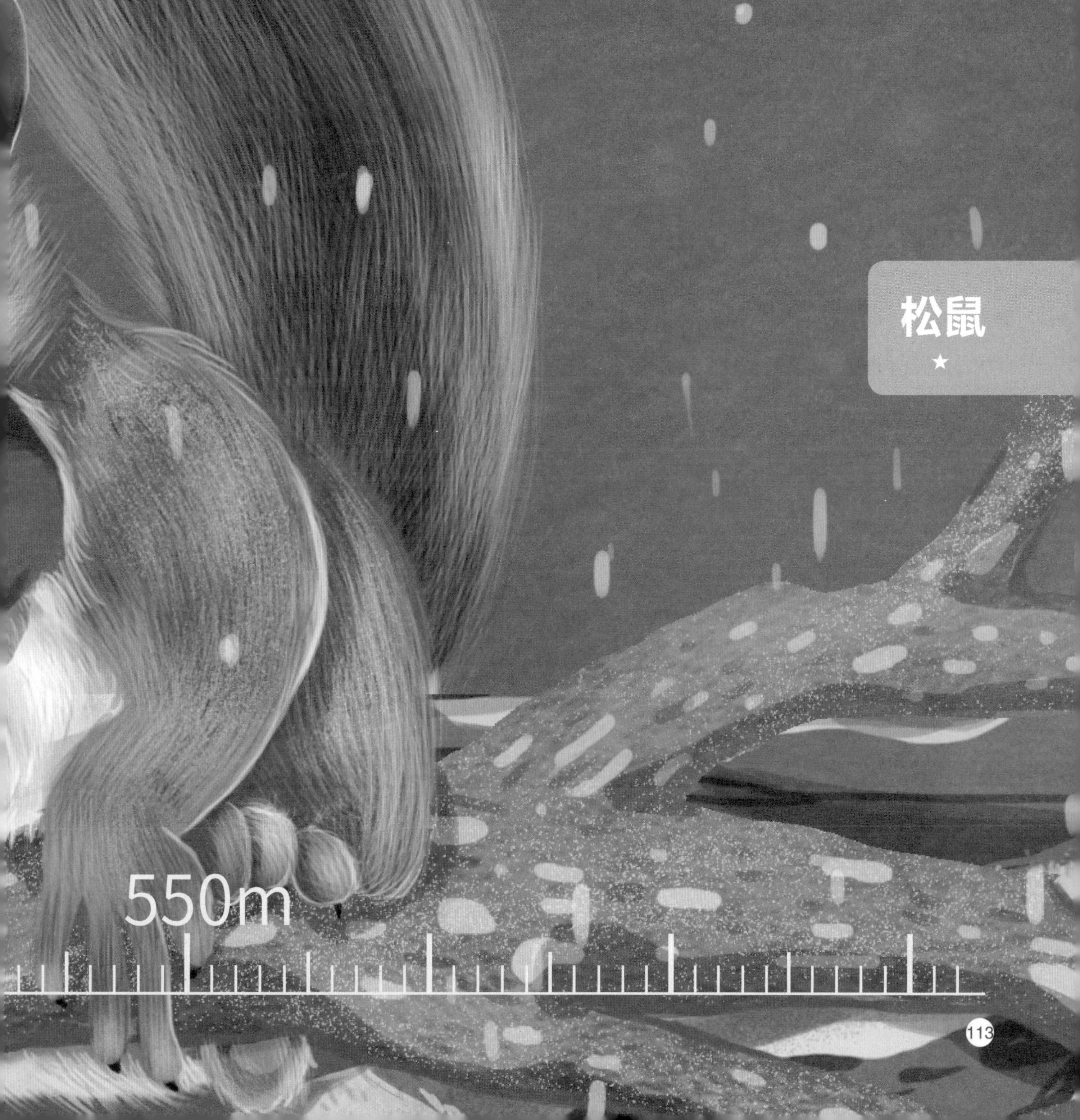

550m

常见松鼠种类

赤腹松鼠（尾巴细长　红色腹部）

泊氏长吻松鼠（颊无色斑　尾毛短而蓬松）

岩松鼠（中国特有　灰黑黄毛）

松鼠科的动物目前大概有285种，遍布南极以外的各大洲，其中在大洋洲为引入种。已知最早的松鼠化石来自始新世，距今3000万~4000万年前。北美洲异常丰富的松鼠化石显示，松树科起源于始新世的北美洲，辐射到大洋洲以外的各大洲，在这个过程中演化出了形态各异、适应各种环境的物种。按照生活类型可以将松鼠科物种划分为树松鼠、飞松鼠和地松鼠。

松鼠

★

松鼠会冬眠吗?

树松鼠和飞松鼠（鼯鼠）在冬天的时候不冬眠，树松鼠依赖储藏的食物过冬，飞松鼠生活在食物较丰富的热带和温带森林中。地松鼠绝大部分种类都在冬季躲进洞穴，进行为期 6~7 个月的冬眠。

松鼠的活动节律

树松鼠和地松鼠是昼行性动物，飞松鼠是纯夜行性动物。

飞松鼠能飞多远?

鼯鼠俗名飞松鼠，皮肤向四肢和尾巴末端延展形成翼膜，是一类具备滑翔能力的松鼠，在我国南方森林中均有分布，尤以中国西南山地种类最为丰富。飞松鼠滑翔的距离与其体形成正比，体重超过 2 千克的巨鼯鼠滑翔距离可超过百米，而体重只有 100~200 克的小飞鼠滑翔距离较短。

"健谈"的地松鼠

生物学家目前发现，由于生活在复杂的家族聚落中，需要彼此交流防备捕食者的偷袭，地松鼠有着动物王国里最高级、最精致的语言系统，可以说其发达程度仅次于人类。这套复杂的语言通信系统是由具有不同意义的音调构成的，能够详细说明潜在掠食者的大小、颜色、所在方向，甚至行驶的速度。有趣的是，不同区域的地松鼠具有不同的"方言"。

松鼠是自然界的植树小能手

每当秋天来到，森林中果实累累，是松鼠们最为忙碌的时候，它们尽情地享受大自然的慷慨恩赐，采集很多的果实埋藏起来，以免冬天食物缺乏时饥寒交迫。大量的统计数据表明，松鼠们并不能消耗掉自己埋下的全部种子，可能有一半以上始终埋在土里。冬去春来，土里的种子就要发芽，于是，森林中每年都会长出许多小树。科学家们估计，1 只松鼠平均要储藏 1400 颗种子。松鼠爱吃和爱收藏的特性，很好地帮助了植物种子的传播，使森林变得多元化，生物多样性更加丰富。

松鼠会忘记自己藏的食物吗？

松鼠有着超强的记忆力，能记得自己食物的存放地。松鼠都是勤俭持家的好榜样，在春、夏、秋三个季节，它们都会努力地寻找食物，为寒冷的冬天做准备。

一项发表于《动物行为杂志》上的开创性研究显示，即便很多只松鼠将坚果藏在距离彼此非常远的地方，下次回来的时候，仍会记得那个地点。

分散囤积的松鼠用嗅觉寻找食物的同时，它们也记得当时存放的地点。根据观察，松鼠会使用地标。它们会辨别树木，并测量树木、巢穴和自己之间的距离。

松鼠的分块储存法在后期的寻找埋藏点行为中可能也起到了作用。这种策略可以减少记忆负荷，当松鼠在有限的区域内分散囤积食物时，它们能记住储藏室之间的相对位置，这表明它们建立了有关食物所在地详细心理地图。

编者按

苍茫大地上，想拥你入怀，但是我们不能……

绵绵春雨中，想与你携手屋檐下，但是我们不能……

浩瀚星空下，想与你抵足而眠，但是我们不能……

“天地所以能长且久者，以其不自生，故能长生”。命运让我们共享自然，我们得深话浅说，长路慢走。一觉醒来时的万物安好，是恰到好处的互不打扰。

2020 年，新型冠状病毒感染的肺炎疫情肆虐全球，全世界进入紧急状态，人类同呼吸、共命运，共同抗击疫情。这期间，每座城市都曾沉寂了下来，不再热热闹闹，人们无时无刻不感到揪心。

这将我们的目光再一次拉向关于人与自然关系的思考：我们到底该怎样与自然相处？如何与动物相处？我们如何才能做到既能够亲近动物，又不给它们带去伤害？

——那就是，与动物保持“安全距离”。

基于此理念，特策划出版本书。本书秉承 “万物并育而不相害，道并行而不相悖”理念，呼吁广大朋友摆正对大自然的态度，多一些敬畏，少一些索取，正确对待动植物。人类只有自然规律与自然天性成长，才能确保发展方向的正确，才能实现人类社会和谐，实现人类与万物的友好，自然才能更好地成长。人类对大自然的伤害最终会伤及人类自身，这是无法抗拒的规律。动物应属于它所在的家园，请与动物保持安全距离，还它们一片宁静，也是还人类一片宁静，善待万物就是善待我们自己。

“天地与我并生，而万物与我为一”，地球上的每一个物种都和人类一样，是地球的主人。让我们共同构建地球命运共同体，平等客观地认识自然中每一个生命，细心了解和观察我们的“合伙人”，保持安全距离，坚持人与自然和谐共生，让青山常在、绿水长流，生生不息，一代接着一代干，一棒接着一棒传，驰而不息，久久为功。